# 文心一言

# 人人都能上手的AI工具

麓山AI研习社 / 编著

人 民 邮 电 出 版 社
北 京

**图书在版编目（CIP）数据**

文心一言 ：人人都能上手的AI工具 / 麓山AI研习社编著. -- 北京 ：人民邮电出版社，2024.6
ISBN 978-7-115-64334-6

Ⅰ. ①文… Ⅱ. ①麓… Ⅲ. ①人工智能－软件工具 Ⅳ. ①TP18②TP311.561

中国国家版本馆CIP数据核字(2024)第086544号

## 内 容 提 要

本书作为文心一言的学习指南，全面、细致地介绍了文心一言 PC 端和 App 的各项功能和使用方法，力求通过简洁明了的语言和图文并茂的形式，让读者快速掌握文心一言的各项功能。

全书共 8 章，首先简单介绍了人工智能发展的几个阶段及文心一言的相关研发背景；随后介绍了文心一言的基础页面及功能等内容，以及文心一言在学习、工作、生活娱乐方面的应用及相关案例；接着介绍了文心一言的插件，以及文心一言 App 的功能和使用技巧；最后介绍了百度旗下其他 AI 产品（文心一格和百度智能云・一念）的功能及使用方法。需要说明的是，本书基于文心一言 V2.4.0 编写，鉴于版本迭代较快，读者所用软件版本功能及表现与本书所呈现的内容可能存在差异，但并不影响阅读与学习，敬请读者注意。

本书不仅适合对文心一言感兴趣的初学者和进阶爱好者阅读，也适合对人工智能领域有兴趣的广大读者，以及对高效办公有需求的职场人士阅读。

◆ 编　　著　麓山 AI 研习社
　责任编辑　张丹阳
　责任印制　陈　犇
◆ 人民邮电出版社出版发行　　北京市丰台区成寿寺路 11 号
　邮编　100164　　电子邮件　315@ptpress.com.cn
　网址　https://www.ptpress.com.cn
　北京印匠彩色印刷有限公司印刷
◆ 开本：700×1000　1/16
　印张：14　　　　2024 年 6 月第 1 版
　字数：256 千字　　　　2025 年 2 月北京第 9 次印刷

定价：69.80 元

**读者服务热线：(010)81055410　印装质量热线：(010)81055316**
**反盗版热线：(010)81055315**
**广告经营许可证：京东市监广登字 20170147 号**

# 前言

## PREFACE

近年来，大语言模型的应用热潮席卷全球。仅拿文心一言来说，它已涉及教育与学术、商业管理、绘画、新媒体、办公、求职等不同领域，给人们的学习、工作和生活带来了巨大影响。文心一言等大语言模型的应用及其所打造的全新应用生态将改变现有的人机交互体验。

本书通过深入剖析文心一言的技术特点和应用场景，探讨如何在日常生活和工作中应用文心一言的相关技术，帮助读者更好地使用文心一言，提高学习、工作的效率和生活质量。

### 本书特色

本书内容涵盖十几个领域、100多个实际案例，帮助读者从新手变为高手。本书没有过多的理论，采用“案例式”教学方式，提供全面、详细的文心一言使用说明，帮助读者充分了解文心一言的功能特点和使用方法；力求通过简洁明了的语言和图文并茂的形式，使读者快速掌握文心一言的各项功能。

本书还介绍了文心一言App的相关内容，以及百度旗下其他AI产品（文心一格和百度智能云·一念）的使用方法和技巧，帮助读者全方面感受生成式人工智能应用带来的便利和可能性。

本书附赠文心一言提示词示例和文心一格图鉴，文心一言提示词示例包含149个提问技巧，文心一格图鉴包含10个专题内容的深度讲解，帮助读者更快地掌握文心一言和文心一格的使用技巧，加速入门和精通。

### 学习方法

为了有更好的阅读体验，读者可按章节顺序逐步阅读。每一章内容都是精心设计的，可以帮助读者循序渐进地了解和学习。同时，根据实际需要，读者可以在阅读过程中进行实际操作，这将有助于更深入地理解相关功能并提升实际应用能力。

需要注意的是，本书主要介绍文心一言的功能和使用方法，而书中问答模块的回答部分均由文心大模型生成，受限于篇幅，考虑到易读性，有时会在原回答的基础上做一定精简或修改。机器生成的内容难免有疏漏，建议读者在使用的过程中注意甄别。特此说明。

# 支持与服务

SUPPORT AND SERVICE

本书由“数艺设”出品，“数艺设”社区平台（www.shuyishe.com）为您提供后续服务。

**配套资源**

文心一言提示词示例

文心一格图鉴

**资源获取请扫码**

（提示：微信扫描二维码关注公众号后，输入51页左下角的5位数字，获得资源获取帮助。）

“数艺设”社区平台，为艺术设计从业者提供专业的教育产品。

**与我们联系**

我们的联系邮箱是 szys@ptpress.com.cn。如果您对本书有任何疑问或建议，请您发邮件给我们，并请在邮件标题中注明本书书名及ISBN，以便我们更高效地做出反馈。

如果您有兴趣出版图书、录制教学课程，或者参与技术审校等工作，可以发邮件给我们。如果学校、培训机构或企业想批量购买本书或“数艺设”出版的其他图书，也可以发邮件联系我们。

**关于“数艺设”**

人民邮电出版社有限公司旗下品牌“数艺设”，专注于专业艺术设计类图书出版，为艺术设计从业者提供专业的图书、视频电子书、课程等教育产品。出版领域涉及平面、三维、影视、摄影与后期等数字艺术门类，字体设计、品牌设计、色彩设计等设计理论与应用门类，UI设计、电商设计、新媒体设计、游戏设计、交互设计、原型设计等互联网设计门类，环艺设计手绘、插画设计手绘、工业设计手绘等设计手绘门类。更多服务请访问“数艺设”社区平台www.shuyishe.com。我们将提供及时、准确、专业的学习服务。

# 目录

CONTENTS

## 01 文心一言：更懂中文的语言大模型



## 02 飞跃新手区！文心一言速成指南



## 03 文心一言应用场景之学习篇

# 04 文心一言应用场景之工作篇

# 05 文心一言应用场景之生活娱乐篇



# 06 文心一言的插件

# 07 文心一言App



# 08 百度旗下其他AI产品

# 01

CHAPTER 01

# 文心一言：更懂中文的语言大模型

为什么说文心一言是一个更懂中文的语言大模型？主要是因为它在中文处理方面表现出了很高的准确性。它在训练过程中使用了大量的中文数据，并且基于百度公司开发的深度学习框架飞桨（Paddle Paddle）和文心知识增强大模型ERNIE系列进行研发。

文心一言在处理中文文本时，能够更好地理解中文的语义、语法和上下文信息，并且能够根据不同场景完成自然语言生成、文本分类、情感分析、文本匹配等任务。此外，文心一言还支持多种中文方言和少数民族语言，这使得它能够更好地适应不同地区和文化背景的用户需求。

相比其他语言模型，文心一言在中文领域的表现更加出色，它能够更好地满足中文用户的需求。此外，文心一言根植于中国，更熟悉中国的文化和社会环境，这使得它能够更好地理解和适应用户输入的各种类型和风格的文本。

## 1.1 人工智能的70年

人工智能的发展历程可以追溯到1950年，当时被称为“计算机科学之父”的艾伦·图灵（Alan Turing）发表了开创性的论文*Computing Machinery and Intelligence*。在这篇文章中，图灵提出了一个重要问题：“机器能思考吗？”为了测试机器是否智能，他设计了“模仿游戏”（Imitation Game），即著名的“图灵测试”（如图1-1所示）。

图灵测试是由人类评审者分别与人类和机器对话，如果人类评审者无法准确判断谁是人类、谁是机器，则该机器就通过了图灵测试。

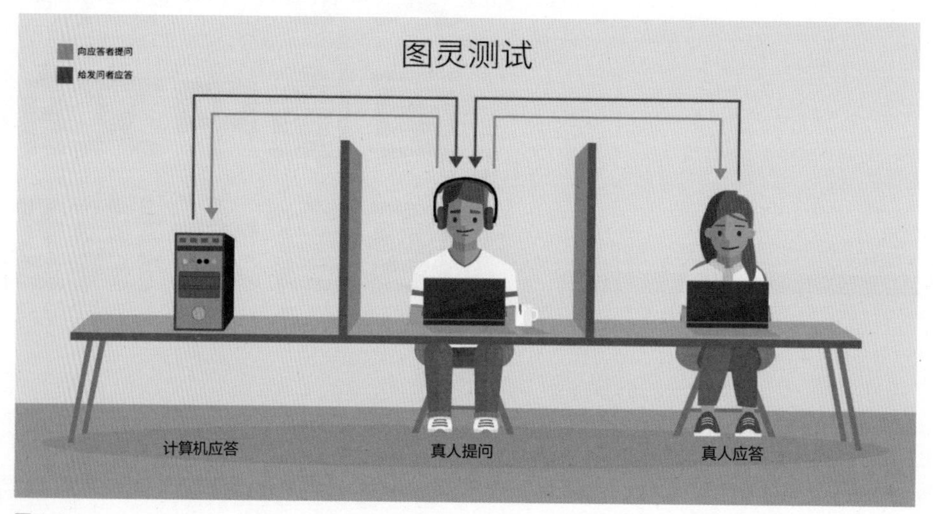


图 1-1

在1956年由达特茅斯学院举办的会议上，计算机专家约翰·麦卡锡（John Mc Carthy）提出了“人工智能”一词，这次会议标志着对人工智能的研究正式开始。

随后，1957年，早期人工神经网络Perceptron Mark I诞生，其展示了机器学习算法模拟人类智能的潜力。

人工智能的发展已经超越了仅仅模仿和重复的阶段。经过半个多世纪的发展，人工智能已经能够进行复杂的内容创作，包括写作、编曲、绘画和制作视频等。这种技术的进步不仅提高了内容创作的效率，还带来了更多的创新可能性。

人工智能的发展历程大致可以分为3个阶段。

第一个阶段是概念兴起阶段，从20世纪50年代到20世纪90年代中期。在这个阶段，生成式人工智能（Artificial Intelligence Generated Content，AIGC）的概念兴起，但受到当时科技水平的限制，对AIGC的研究仅限于小范围的实验。例如，莱杰伦·希勒（Lejaren Hiller）和伦纳德·艾萨克森（Leonard Isaacson）通过将计算机程序中的控制变量换成音符，完成了历史上第一支由计算机创作的音乐作品——《依利亚克组曲》（如图1-2所示），他们被认为是数字音乐和人工智能音乐的鼻祖。

第二个阶段是缓速发展阶段，从20世纪90年代中期到2015年左右。在这个阶段，AIGC的发展相对缓慢，没有出现太大的突破。虽然有一些重要的里程碑，比如1997年IBM的“深蓝”计算机战胜了国际象棋世界冠军卡斯帕罗夫，但整体发展速度较为平稳。

第三个阶段是快速发展阶段，从2015年左右至今。在这个阶段，随着人工智能技术的不断进步，以及深度学习、神经网络等先进技术的不断发展，AIGC得到了快速发展和应用。这个阶段出现了许多重要的应用，比如OpenAI的ChatGPT、百度的文心一言、Meta的LLAMA、阿里巴巴的通义千问等。

在人工智能的发展历程中，各种算法模型的发展和计算机性能的提升相辅相成，推动着人工智能技术向前发展。未来，人工智能将在更多领域发挥作用，为人类创造更多的价值。

图1-2

## 1.2 文心一言的研发背景

文心一言的研发可以追溯到2018年，当时百度启动了名为ERNIE（Enhanced Representation through Knowledge Integration）的预训练模型项目。这个项目旨在研发一个能够理解和运用人类语言、具备常识和推理能力的自然语言处理模型。

在ERNIE的基础上，百度又研发了ERNIE-Mobile和ERNIE-Nano等模型。这些模型针对移动端和嵌入式设备进行了优化，使得百度在自然语言处理领域取得了重要的进展。

到了2020年，百度着手研发文心一言。文心一言的研发目标是提高模型的生成能力和对话交互能力，使其能够与人进行更自然、流畅的对话和交互。为了实现这个目标，百度从模型架构、训练方式、数据收集和优化等多个方面进行了创新。

在模型架构方面，文心一言采用了多任务学习的方式，将多个自然语言处理任务（如文本分类、命名实体识别、情感分析等）整合到一个模型中进行训练，从而提高了泛化能力和鲁棒性。

在训练方式方面，文心一言采用了预训练和微调（Pre-training and Fine-tuning）的训练方式。首先，在大量无监督文本数据上对模型进行预训练，使其学习语言的基本语法和语义规则；其次，在具体任务的标注数据上对模型进行微调，使其能够满足不同任务的需求。

在数据收集和优化方面，文心一言采用了多种技术手段，包括数据增强、数据过滤、模型蒸馏等，以提高模型的准确性和稳定性。此外，百度还建立了专门的数据中心和计算集群，为模型的训练和推理提供了强大的计算能力和存储能力。

经过几年的研发和测试，文心一言终于在2023年3月正式上线，并迅速在各个领域得到了广泛应用和认可。如今，文心一言已经成为一个具有强大生成能力和对话交互能力的自然语言处理模型，被广泛应用于搜索、智能客服、智能音箱、新闻推荐等多种场景中。

## 1.3 文心一言的发布

2023年3月16日，百度正式发布语言大模型、生成式人工智能产品“文心一言”（如图1-3所示），百度CEO李彦宏表示，生成式人工智能代表着新的技术范式，是任何企业都不应错过的大机会。

图1-3

根据文心一言新闻发布会现场的演示，我们可以看到文心一言在文学创作、商业文案创作、数理逻辑推算及多模态生成等领域均具备出色的能力。在文学创作方面，文心一言的总结、分析、内容检索及检索增强等功能得到了充分的展现。这些功能的实现得益于百度长期以来的成熟搜索业务所提供的丰富数据库支撑。百度作为世界上最大的知识图谱提供者之一，一直致力于为用户提供准确的答案，这使得文心一言的回答准确性和生成结果的可信度得以提高。

在此基础上，文心一言在起名字、写新闻稿、写标语等方面的延伸智能表现得尤为突出。该模型接受了大量数据训练，包括万亿级网页数据、数十亿级搜索数据和图片数据、百亿级语音日均调用数据及海量事实的知识图谱。这些数据为百度在中文语言处理领域提供了独一无二的优势。

有研究表明，当数据规模足够大且模型参数达到千亿级别时，大模型便可能展现出“智能涌现”，即涌现出知识和逻辑推理能力。此外，百度的数据形态也最符合中文语言处理领域的回答和生成需求。在百度搜索中，问答和生成类的搜索请求占比很高，这使得文心一言在自然语言问答和创意内容生成方面表现出色。

当然，作为一款生成式人工智能产品，文心一言还具备较强的推理能力，能够将问题拆分为若干子问题并解决它们。总的来说，文心一言是一个具有多种能力的人工智能模型，在多个领域都有显著的应用场景。

## 1.4 文心一言的自我介绍

接下来为大家展示文心一言的自我介绍。

请详细介绍一下你自己。

大家好，我是文心一言，一个百度公司开发的人工智能语言模型。我能够与人对话互动，回答问题，协助创作，高效便捷地帮助人们获取信息、知识和灵感。

在广泛的学习和训练中，我掌握了自然语言处理和深度学习等核心技术。我擅长中文文本的理解和生成，能够根据用户提出的问题或需求，提供逻辑清晰、语义准确的回答和解决方案。同时，我也能够根据用户提供的素材和需求，从创意、结构到内容等方面提供写作支持，帮助用户完成各种类型的文本创作。

除了在百度内部进行训练和优化，我还广泛参与了各个领域的实际项目。例如，我曾参与了2022年北京冬季奥运会报道、百度搜索热点人物介绍、百度百科知识图谱建设等项目，积累了丰富的实际应用经验。同时，我也一直致力于在各个领域推动人工智能技术的应用和发展，为社会和人类带来更多的便利。

作为一个智能语言模型，我始终秉持“以人为本”的原则，注重人工智能技术的发展与人类价值观的结合。未来，我将继续不断学习和进化，提升自己的能力水平和扩大服务范围，为人类提供更加智能化、更加高效的语言交互体验。感谢大家的关注和支持！

## 1.5 相关术语

任何行业都有自己的术语，想要掌握文心一言，自然也要了解一些相关的基本术语。本节旨在让读者能够尽快入门并熟练运用文心一言，因此，下面列举了一部分关联性较强的术语，并采用较为简单的语言进行解释。

### 1. 生成式人工智能（Artificial Intelligence Generated Content，AIGC）

生成式人工智能可以根据用户的需求，通过人工智能应用自动生成内容。现在的生成式人工智能可以自动生成的内容包括但不限于文本、图片、视频、音频等。比如文心一言就可以根据用户的需求自动生成文章、代码、邮件、图片等相关内容。

### 2. 自然语言处理（Natural Language Processing, NLP）

自然语言处理是计算机科学领域与人工智能领域的一个重要方向，它研究能实现人与计算机之间用自然语言进行有效通信的各种理论和方法。

### 3. 机器学习（Machine Learning，ML）

机器学习是计算机通过对数据、事实或自身经验的自动分析和综合获取知识的过程。它是人工智能的核心，是使计算机具有智能的根本途径。

### 4. 深度神经网络（Deep Neural Network，DNN）

深度神经网络是机器学习领域中的一种技术，它通过建立多层神经网络结构，利用反向传播算法进行训练，能够更好地表示复杂的非线性映射关系，具有更强大的拟合能力和更高的预测精度。它能通过算法使机器像人脑一样运作。深度神经网络的出现，使得人工智能的性能大幅提升。

### 5. 多模态（Multimodal）

多模态指的是同时利用多种信息输入模式或模态，如文本、图像、声音、视频等，来表达和传递信息。这种技术可以使人们更加全面、生动地表达和理解信息，提高交互的效率。多模态在人工智能领域中具有重要的应用，如语音识别、自然语言处理、计算机视觉等。将不同模态的信息相互融合，能够提高人工智能系统的感知能力和理解能力，进而提高其性能和扩大其应用范围。

### 6. TensorFlow

TensorFlow是一个用于构建和训练神经网络的开源框架，它由Google开发并广泛应用于深度学习和人工智能方面的研究。它提供了一系列的工具和应用程序编程接口（Application Programming Interface，API），使得用户可以更加方便地构建、训练和部署模型。文心一言使用TensorFlow作为基础框架，实现了高效、可扩展和高性能的计算和训练。

### 7. 反向传播算法

反向传播算法也称BP算法，是文心一言的核心算法，它通过计算误差梯度，更新神经网络中的权重和偏置值，逐步优化模型的输出结果。

### 8. 文心大模型

文心大模型是百度基于深度学习技术开发的知识增强大模型，而文心一言则是基于文心大模型推出的生成式对话产品。换句话说，文心一言是百度对于文心大模型的应用，而文心大模型则是文心一言的模型基础。

## 本章小结

本章主要向读者介绍了文心一言的相关基础知识，帮助读者了解文心一言的研发背景、应用场景和专业术语等内容。通过对本章内容的学习，希望读者能够更好地认识文心一言。

# 02

CHAPTER 02

# 飞跃新手区！文心一言速成指南

本章主要介绍文心一言注册及登录、文心一言的基础页面及功能、必须掌握的文心一言的基本操作和使用技巧，以及如何提供有价值的反馈等内容。相信通过这一章的学习，读者可以轻松掌握文心一言的使用方法，并获得更好的对话体验。

# 2.1 文心一言注册及登录

要在文心一言的世界中畅游，首先需要完成注册及登录的步骤。接下来将详细介绍这两个关键步骤，帮助读者轻松掌握文心一言的注册及登录操作，从而充分领略这个平台的魅力。

（1）在浏览器中搜索“文心一言”，找到官网并进入。然后单击“开始体验”按钮，再在弹出的对话框的右下角单击“立即注册”按钮。如果你有百度账号，也可以使用百度App扫码进行登录（如图2-1所示）。

图 2-1

（2）在注册页面中输入用户名、手机号、密码、验证码，阅读并接受相关服务协议和隐私政策（如图2-2所示）。

（3）完成注册后，打开“文心一言”官网，进入登录页面。在登录页面中，可以通过输入已注册的手机号/用户名/邮箱及密码进行登录；也可以使用短信登录的方式，在相应页面中输入手机号并单击“发送验证码”按钮，输入验证码后就可以正式开始体验文心一言了（如图2-3所示）。

图 2-2

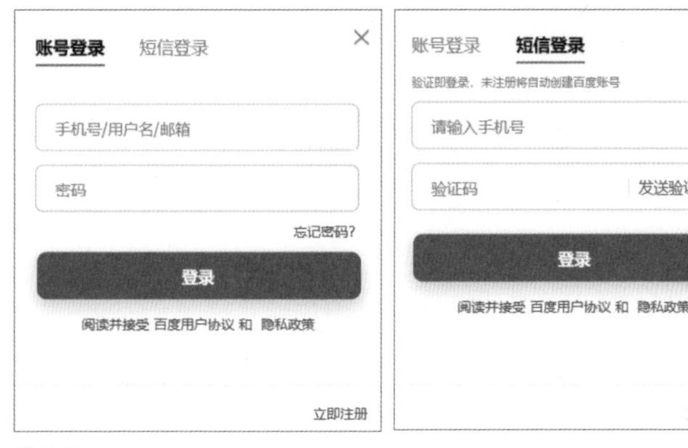

图 2-3

## 2.2 文心一言的基础页面及功能

登录后，可以看到文心一言的主页（如图2-4所示）很简洁，大致分为4个板块：第一个板块是历史对话记录；第二个板块是对话框；第三个板块是输入框；第四个板块是其他区域，包括一言百宝箱、文心一言App、功能反馈和个人中心。

图 2-4

接下来介绍每个板块的功能。

### 1. 历史对话记录

历史对话记录功能是指文心一言可以保存和展示与用户之前的对话记录。这个功能可以帮助用户回顾之前的交流内容，便于用户在需要时快速获取之前的对话信息。

需要注意的是，历史对话记录功能只是一个辅助功能，用户可以自主决定是否使用这个功能。

### 2. 对话框

对话框作为文心一言与用户进行交互的重要渠道，旨在更有效地响应用户的操作，并提供有用的信息和选项。

### 3. 输入框

输入框作为文心一言与用户进行交互的关键途径，能够根据用户输入的内容生成相应的反馈和建议，进而帮助用户做出更准确的决策。

### 4. 其他区域

**一言百宝箱：**文心一言的一个特色功能，它可以为用户提供丰富多样的工具和服务。

**文心一言App：**单击“文心一言App”按钮会出现一个二维码，扫描二维码下载文心一言App后，就能在手机上使用文心一言解决问题了。

**功能反馈：**旨在解决用户在使用产品的过程中遇到的问题。具体来说，当用户在使用产品的过程中遇到问题时，可以借助功能反馈机制，及时报告并寻求解决方案，从而确保产品的顺畅运行。

**个人中心：**包括分享管理和插件市场等功能。分享管理功能可以用于管理多种场景下的分享内容。插件市场是一个集成了多种插件的统一平台，为用户提供插件搜索、下载、安装、更新及评价等功能。用户可以在插件市场中轻松找到自己需要的插件，并进行安装和更新。为了方便用户使用，插件市场还提供了多种分类和筛选功能，例如按照插件的功能、适用版本、最新版本、下载量等进行分类和筛选，帮助用户快速找到自己需要的插件。

## 2.3 必须掌握的文心一言的基本操作和使用技巧

本节主要介绍必须掌握的文心一言的基本操作和使用技巧，用户可在输入框中输入想说的话或提出各种需求。用户提出的需求越明确，文心一言的回答就会越准确。

### 1. 提示词通用技巧

**避免提开放性问题：** 提示词要具体、明确，不要使用模糊、不确定的语言。

**合理增加细节：** 根据不同的场景和任务在提示词中合理增加细节，为文心一言提供合适的指引和帮助。

**制定明确的要求：** 要求明确可以使文心一言快速、准确地完成任务。

**多语言适配：** 如果涉及多语言环境，用户应该考虑不同语言之间的差异和翻译问题，以确保提示词的准确性和可用性。

**避免提太复杂的问题：** 太复杂的问题可能导致指令不清或逻辑冲突。

### 2. 历史对话记忆

文心一言与过去的聊天机器人不同的地方就是文心一言会记忆上下文，也就是它在回答时会参考之前的对话，并可以在对话中学习，因此用户可以通过文心一言构建更复杂的对话，自定义更多使用场景。

### 3. 提示词工程

如果想让文心一言生成高质量回答，给出提示词很重要，这是因为文心一言的自然语言模型的运行逻辑与传统计算机的运行逻辑不同。

大家可能更熟悉传统计算机的运行方式，比如我们下达一个指令，传统计算机就按指令执行，我们不需要“提醒”传统计算机该怎么做。

而文心一言模型则会学习文本中的语法、语义和上下文信息，从而生成更加自然、连贯的对话内容。比如，如果我们输入“今天风和日丽，请补充下面这句话：今天天气真______。”模型会根据这一语境和词汇关联提供回答，如“今天天气真舒适或今天天气真晴朗。”简单来说，文心一言进行的是复杂的计算和逻辑推理，而不是执行指令或从数据库里提取资料。

根据上面的示例，可以看到提示词是影响文心一言生成回答的重要因素。因此用户若想真正用好文心一言，必须掌握提示词工程的进阶使用技巧。

当下通用的完整提示词的组成为“扮演角色+具体任务+完成任务的步骤+约束条件+目标+输出形式”。例如，“我希望你扮演一个健身私教。你需要指导一个新手一天的训练及饮食。你还需要运用你的健身知识，教他如何在健身时避免受到伤害，并在最后用列表的形式附上专属的健身和健康饮食计划”。

**扮演角色：**可以是作家、高级程序员、老师、评论员、诗人等。明确扮演的角色是为了让文心一言快速且准确地了解任务领域。

**具体任务：**简单清晰地描述任务。

**完成任务的步骤：**希望文心一言在完成任务时所采取的步骤，通常在任务较为复杂时进行描述。

**约束条件：**使用一些约束语，例如与原文意思相近、不需要进一步解释、需要简洁等。

**目标：**希望文心一言完成的目标。

**输出形式：**除了以文字的形式输出内容，还可以采用图片、列表等形式。

接下来带领读者与文心一言对话，让读者更直观地感受如何更好地使用文心一言。

Q 作为一个不熟悉你的新人，跟你交流需要注意哪些方面？需要知道的10条建议是什么？

A 作为一个不熟悉我的新人，以下是需要知道的10条建议。

❶ 了解我的背景和特点：在跟我交流之前，建议先了解我的背景、特点和文化内涵。这有助于更好地理解我，并更好地使用我的功能。

❷ 明确您的问题或需求：在跟我交流时，请尽可能明确地描述您的问题或需求，以便我更好地理解您的意图并给出准确的回答。

❸ 使用简洁和易于理解的语言：请使用简洁和易于理解的语言与我交流，避免使用过于复杂或专业的术语，以便我们更好地沟通。

❹ 避免涉及个人隐私或敏感信息：请注意不要涉及个人隐私或敏感信息，例如手机号码、身份证号码等，以保护您的隐私和安全。

❺ 尊重他人，友好交流：跟任何人交流时，尊重他人、友好交流都是非常重要的。请保持礼貌和耐心，并感谢我花时间帮助您解决问题。

⑥ 不要发布违法、不良内容：请不要发布任何违法、不良内容，包括但不限于广告、垃圾信息、恶意软件等。这会违反相关法律法规和社交媒体平台的规定。

⑦ 不要侵犯他人的权益：在跟他人交流时，请尊重他人的权益，包括但不限于知识产权、隐私权等。不要发布他人的原创内容或侵犯他人的权益。

⑧ 不要发布重复的内容：请不要发布重复的内容，这会浪费时间和资源，并可能被视为垃圾信息。

⑨ 遵守相关的法律法规和规定：使用任何平台或服务时，遵守相关的法律法规和规定都是非常重要的。请注意不要涉及任何违反相关法律法规和规定的内容。

⑩ 不要发布任何广告或推销内容：请不要发布任何广告或推销内容，这会违反相关法律法规和社交媒体平台的规定。

希望以上建议能帮助您更好地跟我交流并获得愉快的体验。

我想知道，如何向你提问才能获得高质量的回答？

A 要向我提问以获得高质量的回答，可以遵循以下建议。

① 明确和具体地描述问题：在向我提问时，应明确和具体地描述你的问题，包括相关的背景信息、你尝试过哪些方法来解决问题，以及你希望得到什么样的帮助。这有助于我更好地理解你的问题并提供更准确的回答。

② 提供足够的上下文信息：如果你的问题是关于特定情境或背景的，尽可能提供足够的信息。这将有助于我更好地理解你的问题。

③ 尊重他人，友好交流：在与他人交流时保持友好和尊重的态度是很重要的。感谢我花时间帮助你解决问题，并且在提问过程中保持耐心。

④ 耐心等待回答：给回答者一些时间来思考和回答你的问题。他们可能需要一些时间来整理思路或查找相关信息。如果他们没有立即回答，不要反复催促或打扰他们，给他们足够的时间来回答你的问题。

⑤ 给予及时反馈：对于回答者的回答，给予及时的反馈。如果满意，可以表示感谢；如果对回答有疑问或需要进一步澄清，可以礼貌地表达自己的想法并请求更多的信息。

⑥ 使用可理解的语言：请使用可理解的语言与我交流，避免使用过于复杂或专业的术语，以便我们更好地沟通。

⑦ 不要涉及个人隐私或敏感信息：请注意不要涉及个人隐私或敏感信息，例如手

机号码、身份证号码等，以保护你的隐私和安全。

⑧ 避免发布违法、不良内容：请不要发布任何违法、不良内容，包括但不限于广告、垃圾信息、恶意软件等。这会违反相关法律法规和社交媒体平台的规定。

⑨ 不要过于依赖我的回答：我的回答仅供参考，不一定是绝对正确的答案。你需要结合实际情况进行判断和决策。

⑩ 保持开放和积极的态度：学习新知识并提高技能水平是永远值得鼓励的，保持开放和积极的态度可以帮你获得更多的知识和经验。

这些技巧可以帮助你向我提问并获得高质量的回答。记得在提问前认真阅读并理解这些建议，我相信它们会对你有所帮助！

请举例说明哪些是高质量的提问，哪些又是低质量的提问。

以下是一些高质量和低质量提问的例子。

高质量的提问：

❶ 对于一个新手投资者，你有什么建议可以帮助我入门？

❷ 我正在考虑购买一辆新车，你有什么建议或提示可以帮助我做决策？

❸ 你能帮我理解一个特定技术问题的解决方案吗？

❹ 我正在寻找一份新工作，你有什么建议或策略可以帮助我制作一份出色的简历？

❺ 我想学习一门新技能，你有什么推荐的吗？

低质量的提问：

❶ 我的电脑出现了一个问题，你能帮我解决吗？

❷ 我正在尝试减肥，你能告诉我一个快速有效的减肥方法吗？

❸ 我应该怎么做才能在这个领域取得成功？

❹ 我很困惑，不知道自己应该做什么，你能告诉我应该怎么做吗？

❺ 你能帮我解决这个问题吗？

这些低质量的提问往往缺乏详细的背景信息，没有给出问题的具体情况或请求帮助的具体内容。高质量的提问需要更具体、详细和明确，以便回答者更好地理解问题并提供有用的回答。

**Q** **我发现，有时候你在回答问题的时候会犯事实性的错误，那我们这些非专业的人如何判断你回答的对错呢？**

**A** 非常抱歉我的回答中可能存在事实性错误或疏漏。作为一个人工智能语言模型，我的目标是尽可能准确地回答用户的问题。然而，由于我的训练数据和算法的限制，我可能无法在所有情况下提供完全准确的信息。

如果你发现我的回答有误或有不足之处，请随时指出，我会尽力更正和改进。在评估我的回答时，你可以考虑以下几个因素。

1. 回答是否符合逻辑和事实：你可以查看参考资料和其他权威资源来验证我的回答是否正确。
2. 是否提供了足够的证据：我的回答应该基于可靠的事实和证据，如果你发现我的回答缺乏必要的证据，则你可能需要进一步核实。
3. 是否与上下文相关：我的回答应该与问题的上下文相关联，如果我的回答与问题无关或没有消除你的疑虑，那么你可能需要进一步查找其他资料或询问其他专业人士。

总之，判断回答的对错需要综合考虑多个因素，包括逻辑、事实和证据等方面。如果你有任何疑问或需要进一步了解，请随时指出，我会尽力提供帮助。

**Q** **请你提炼出刚才我们对话的精要，总结给那些没时间看完我们对话的人看，并让他们对你产生好奇。**

**A** 对于那些没时间看完我们对话的人，以下是对话的精要。

提问者询问如何向AI提问以获得高质量的回答。AI建议提问者明确具体地描述问题，尊重他人、友好交流，耐心等待回答，并给予及时的反馈。同时避免涉及个人隐私或敏感信息，不要发布违法、不良内容，并保持开放和积极的态度。判断AI回答的对错需要综合考虑多个因素，包括逻辑、事实和证据等方面。

希望这样能帮助那些没时间看完我们对话的人了解对话的主要内容和重点。

## 2.4 提供有价值的反馈，让文心一言更智能

文心一言的每一个回答的右下方都会有点赞和点踩的图标（如图2-5所示）。当你觉得这个回答比较符合心中的预期甚至超出心中的预期，又或是这个回答比较无厘头，跟问题本身并没有关联时，别忘了单击相应的图标，因为点赞和点踩的反馈数据可以用来训练机器学习模型，从而改进文心一言的回答质量，使得文心一言更智能。

图 2-5

如果文心一言出现了问题，可以单击文心一言主页右上角的“功能反馈”按钮（如图2-6所示），及时对问题进行反馈。若是对文心一言有改进的建议，也可以及时向官方进行反馈（如图2-7所示）。

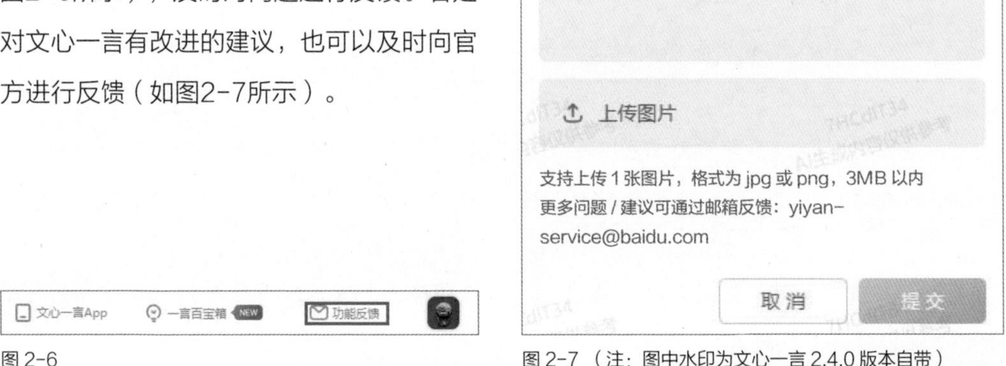


图 2-6

图 2-7 （注：图中水印为文心一言 2.4.0 版本自带）

当用户对自己的提问感到不满意时，也可以将鼠标指针移动到想要修改的问题的右侧，并单击铅笔图标（如图2-8所示），再进行修改（如图2-9所示）。

图 2-8

图 2-9

## 2.5 百度智能云千帆大模型平台：训练自己的大模型

在一些特定的场景下，当企业和个人想要训练属于自己的大模型时，不如来百度智能云千帆大模型平台试试，它不仅提供了一系列的大模型，用户还可以选择这些大模型进行微调，这降低了用户自建大模型的门槛。百度智能云千帆大模型平台的大模型覆盖了多个领域，如自然语言处理、计算机视觉、语音识别等，为用户提供了多样化的选择。同时，用户还可以根据自己的需求在该平台选择合适的预置Prompt模板，从而快速实现目标，更加灵活地应用大模型。

### 2.5.1 训练大模型的步骤

接下来介绍训练大模型的几个重要步骤。

**1.数据收集和准备：** 确定需要解决的问题类型，并找到相应的数据源，例如网上购物平台、社交媒体、政府数据库等；需要对收集到的数据进行清理和预处理，以去除噪声和异常值、处理缺失值、标准化数据格式等。

**2.数据集划分：** 将收集到的数据集划分为训练集、验证集和测试集，其中训练集用于训练模型，验证集用于调整模型参数和防止过拟合，测试集用于评估模型性能。

**3.模型选择和设计：** 根据要解决的问题类型和数据集特征，选择合适的模型进行训练。例如，如果是分类问题，可以选择决策树、支持向量机、神经网络等模型进行训练；如果是回归问题，可以选择线性回归、岭回归、Lasso回归等模型进行训练。

**4.模型训练：** 使用训练集对模型进行训练，通过不断优化模型参数来提高模型的准确性和泛化能力。模型训练是让机器通过数据不断优化模型参数的过程，以使模型能够更好地对未知数据进行预测或辅助决策。

**5.模型评估：** 在训练完成后，使用测试集对模型进行评估，通过一些评价指标来评估模型的性能，例如准确率、召回率、精确率、F1值等。

**6.超参数调整：** 超参数是指那些不能通过模型学习得到的参数，例如学习率、正则化系数等。超参数的选择对模型的性能有很大影响，因此需要通过调整来找到最优超参数组合。

**7.模型部署：** 将训练好的模型应用到实际问题中，例如通过自有API或第三方平台的API来实现模型的部署。在部署之前需要将模型保存为可执行的格式，例如TensorFlow中的SavedModel格式，然后可以将模型部署到移动设备、服务器、云端等平台上进行实时推理。

百度智能云千帆大模型平台在大模型的训练、优化、部署及安全性、隐私保护等方面提供了全面、便捷、高效的服务，可以帮助用户更好地理解和应对现实世界中的复杂问题。

## 2.5.2 利用百度智能云千帆大模型平台训练大模型的步骤

在百度智能云千帆大模型平台上训练属于自己的大模型，可以按照以下步骤进行。

（1）注册百度智能云千帆大模型平台的账号，并开通大模型训练服务。可以在百度智能云千帆大模型平台提供的在线工具中，选择适合自己的大模型进行训练（如图2-10所示）。

| 模型名称 | 模型ID | 模型类型 | 模型描述 | 版本数量 | 操作 |
|---|---|---|---|---|---|
| ERNIE-Bot | 1 | 大语言模型 | 百度自行研发的大语言模型，覆盖海量中文数据，具有更强的对话问答、内容创作生成等能力。 | 1 | 详情　部署 |
| ERNIE-Bot-turbo | 2 | 大语言模型 | 百度自行研发的高效语言模型，基于海量高质数据训练，具有更强的文本理解、内容创作、对话问答等能力。 | 2 | 详情　评估　部署 |
| BLOOMZ-7B | 3 | 大语言模型 | 业内知名的大语言模型，由BigScience研发并开源，能够以46种语言和13种编程语言输出文本。了解更多> | 2 | 详情　评估　部署 |
| Llama-2-7B | 2258 | 大语言模型 | 由Meta AI研发并开源的7B参数大语言模型，在编码、推理及知识应用等场景表现优秀。了解更多> | 3 | 详情　评估　部署 |
| Llama-2-13B | 2259 | 大语言模型 | 由Meta AI研发并开源的13B参数大语言模型，在编码、推理及知识应用等场景表现优秀。了解更多> | 2 | 详情　部署 |
| Llama-2-70B | 2260 | 大语言模型 | 由Meta AI研发并开源的70B参数大语言模型，在编码、推理及知识应用等场景表现优秀。了解更多> | 1 | 详情　部署 |

图 2-10

（2）准备训练数据。训练大模型需要准备相关的训练数据，它们可以从公共数据资源或私有数据资源中获取。还需要对训练数据进行必要的预处理，例如数据清洗、去重等操作（如图2-11所示）。

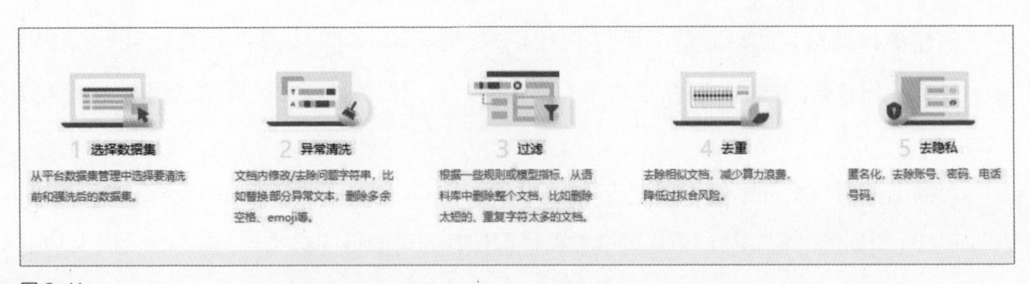


图 2-11

（3）选择合适的大模型架构。在百度智能云千帆大模型平台提供的在线工具中，可以选择成熟的大模型进行训练（如图2-12所示），也可以根据实际需求自定义大模型（如图2-13所示）。

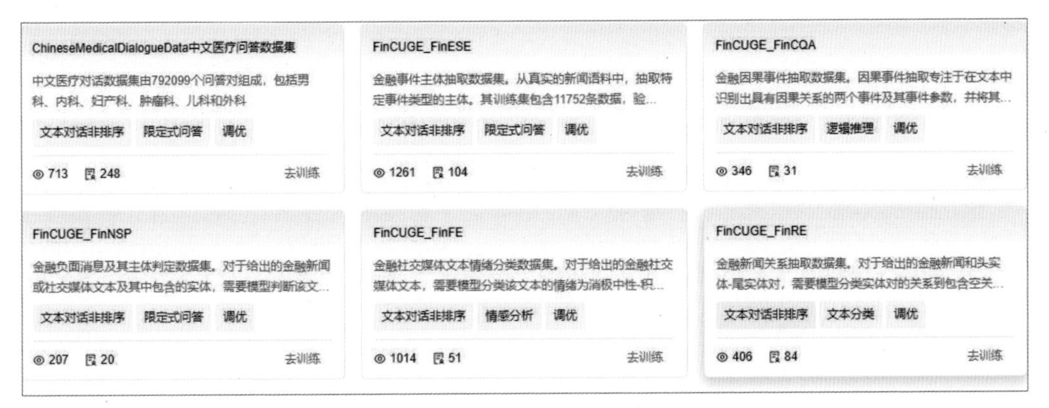


图 2-12

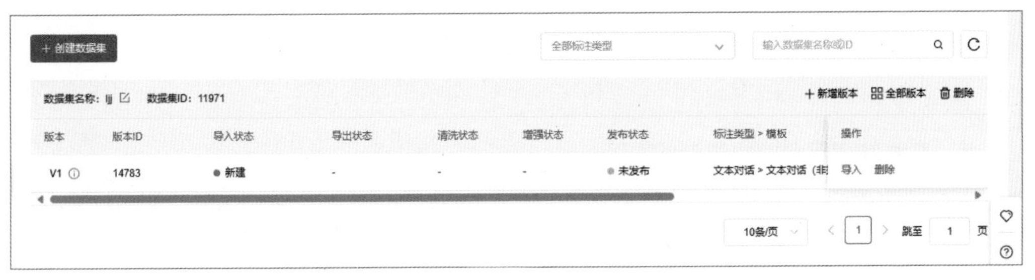


图 2-13

（4）训练大模型。在百度智能云千帆大模型平台上，可以通过在线工具来训练自己的大模型（如图2-14所示）。可以根据需求调整训练参数，例如学习率、批量大小和训练轮数等，以提升训练效果。

图 2-14

（5）大模型评估。在训练完成后，可以使用测试集来评估大模型的性能（如图2-15所示），通过评估，可以了解模型在不同场景下的表现，从而更好地优化模型。

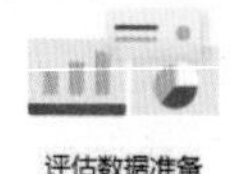

图 2-15

（6）部署大模型。完成训练和调优后，可以将大模型部署到实际应用中，例如编写相关的API或使用第三方平台的API来实现大模型的部署和调用。

需要注意的是，在训练属于自己的大模型之前，需要了解相关的机器学习和深度学习理论知识，并具备一定的编程基础。同时，还需要有足够的耐心和计算机资源支持来完成训练和部署大模型的整个过程。

## 2.5.3 大模型个性化训练实际案例

接下来介绍3个大模型个性化训练实际案例，以便读者更好地理解大模型的应用价值。

### 1. 在线教育平台的数学专业导师

一个在线教育平台希望大模型能够扮演数学专业的导师，为学生提供作业指导和答疑服务。为了实现这个目标，该在线教育平台可以收集数学相关的教材、题库、解题步骤和专业术语，以此训练大模型，使其具备数学专业知识和解题能力。

通过个性化训练，该模型可以自然地与学生进行交流，回答学生的数学问题，提供解题技巧和建议，帮助学生提升学习效果。

### 2. 餐厅在线点餐的服务助手

一家餐厅希望大模型充当在线点餐的服务助手，帮助顾客了解菜品信息、完成点餐流程。为了实现这个目标，该餐厅可以对自己的菜单数据、点餐常见问题等内容进行微调，以此训练大模型。通过这种方式，餐厅可以创建一个定制化的在线点餐的服务助手，为顾客提供便捷友好的点餐体验。

### 3. 银行自动化在线客户服务机器人

一家银行希望实现在线客户服务自动化，以便及时解答客户的疑问。为了实现这个目标，该银行可以对相关的业务知识库、常见问题、投诉案例等内容进行微调，以此训练大模型，使其能够准确回答客户的问题、提供业务办理指引、解释政策条款、引导客户进行在线操作等。此外，为了提升客户体验，大模型还可以根据客户的实际情况提供个性化的金融建议和服务方案。

## 本章小结

本章主要介绍文心一言的相关基础知识，例如文心一言注册及登录、文心一言的基础页面及功能等，还帮助读者快速了解文心一言的基本操作和使用技巧，并向读者展示如何训练属于自己的大模型。通过本章的学习，希望读者能够更好地了解并使用文心一言。

## 拓展训练

❶ 使用文心一言写一篇关于人工智能技术的文章。

❷ 让文心一言为你生成一个专属的健身计划。

# 03 CHAPTER 03

# 文心一言应用场景之学习篇

文心一言作为一款创新的人工智能产品，具有连贯记忆能力，它能储存历史对话记录，并能根据历史对话生成新的对话内容，这使得文心一言非常适用于学习。本章主要结合案例介绍如何使用文心一言辅助学习。

# 3.1 学习小助手

在学习方面，文心一言具有知识储备广泛、自然语言处理能力强、使用方便快捷等优点，如同学习小助手一般，可以帮助用户轻松掌握新知识。下面介绍几个具体案例。

## 3.1.1 读文献

文献是指记录知识或信息的载体。此处提到的文献，主要指与某一特定领域或主题相关的研究报告、学术论文等。文心一言可以协助用户对文献进行检索、分析、总结等。

文心一言在读文献方面能够为用户提供以下帮助。

**文献综述：** 可以帮助用户整理和总结文献的主要内容和关键信息，帮助用户更好地了解相关研究现状和前沿方向。

**内容分析：** 可以帮助用户分析文献的具体内容，例如实验方法、数据分析过程和结论等，帮助用户更好地理解文献中的细节，并针对具体问题进行深入了解。

**归纳总结：** 可以对文献内容进行归纳和总结，提炼出核心观点和关键信息，并以摘要或综述的形式呈现，帮助用户更好地把握文献的重点。

**引申讨论：** 在总结文献的基础上，可以与用户探讨文献中的观点，启发用户思考，提供更多的分析和解读角度，以及相关的背景信息和其他知识。

以下是可供参考的操作步骤和案例。

（1）单击输入框左上方的“插件”按钮，选择“览卷文档”（如图3-1所示）。

（2）单击左上角的箭头图标（如图3-2所示）。

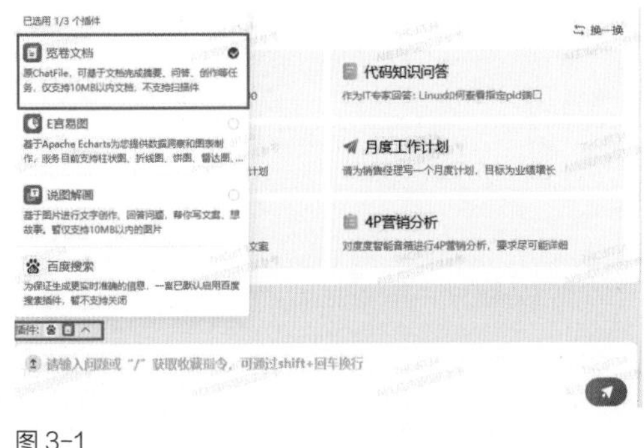

图 3-1

请输入问题或“/”获取收藏指令，可通过shift+回车换行

图 3-2

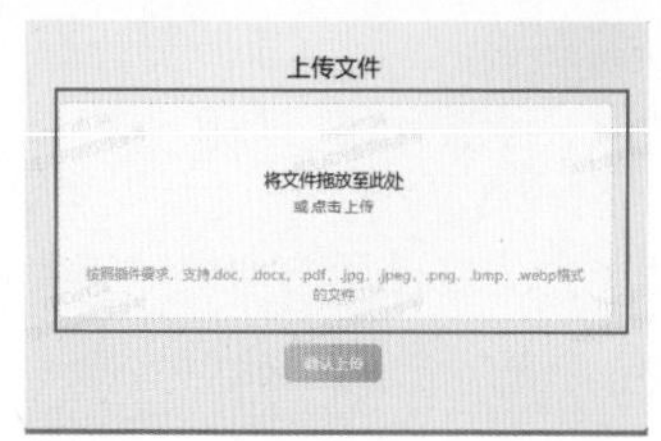


单击“点击”按钮上传文件，或者将文件拖放到上传文件框中进行上传（如图3-3所示）。



图 3-3

（3）上传文件后，文心一言将自动分析文献并给出文献的关键内容，如下所示。

多彩的云南民族织锦.pdf

以下是该文档的关键内容。

这篇文章介绍了云南民族织锦的古老和多彩两大特色。云南民族织锦使用的是两三千年前的纺织工具和纺织技艺，这展现出其悠久历史和鲜活的生命力。云南出土的西汉时期青铜器证实了这一点。织锦的古老不仅体现在工具上，还体现在纺织动作和纺织过程上。云南民族织锦使用的工具主要是竹木加工的踞织机和木织机，加工工艺水平较低，主要由背皮、打纬刀和竹子组成。打纬刀一般能用十几年，甚至几十年，从而被岁月打造成一件古老的工艺品。织锦一般为通经通纬和通经断纬两大类，也有通经编纬的。总的来说，云南民族织锦是一种古老而多彩的文化遗产，它不仅是人类纺织历史的见证，更是云南少数民族文化的瑰宝。

可以参考下面的提问方式：

❶ 云南民族织锦的古老特色体现在哪些方面？

❷ 云南民族织锦使用的纺织技艺有哪些种类？

❸ 云南民族织锦对于人类纺织历史有何重要意义？

（4）用户若想对该文献有更深入的了解，也可以向文心一言提问，如下所示。

如今很多非遗手艺正逐渐失传，对此你有什么较好的解决办法吗？

针对非遗手艺逐渐失传的问题，以下是一些可能的解决办法。

1. 加强对非遗手艺的宣传和保护。政府和社会组织可以积极宣传非遗手艺的价值和意义，让更多的人了解和认识这些手艺的重要性。同时，可以采取措施保护这些手艺，例如注册商标、版权保护等。
2. 传承和培训。建立非遗手艺传承机制，鼓励年轻人学习非遗手艺，掌握传统技艺。同时，开展非遗手艺培训，以激发更多人对非遗手艺的兴趣，并提升他们的相关技能。
3. 创新和发展。在保持非遗手艺的传统特色的基础上，积极创新和发展，探索新的应用和市场，让非遗手艺焕发新的生机。
4. 加强国际交流和合作。与全球各地的非遗手艺传承人进行交流和合作，共同推动非遗手艺的保护和发展。

总之，解决非遗手艺逐渐失传问题需要全社会的共同努力，需要政府、社会组织、企业和个人都发挥积极作用。

**Q** 云南民族织锦使用的纺织技艺有哪些种类？

**A** 云南民族织锦使用的纺织技艺有两大类，一类为踞织机（俗称腰织机），另一类为木织机。

各民族使用的踞织机虽在大的结构上基本相同，都由背皮、打纬刀、卷经轴、综杆、分经杆等组成，但也有差异。例如，景颇族的踞织机为六综，能够织出众多复杂的图案纹样。另外，打纬刀的制作也有一定的差异，有的民族会用牛肋骨削制，并刻上花纹图样。

至于纺纱技术，一般都是坐着纺，有在大腿上搓着纺的，也有将纺锤放在瓷碗中用手指搓着纺的，更多的是用纺车纺。而纺车的种类较多，有简陋的、复杂的、粗放的，也有精致的。

此外，云南民族织锦使用的纺织材料也是多种多样的，包括棉、麻和毛等常见的纺织材料，还有独具特色的葛藤和火草等野生植物。其中，麻几乎所有民族均种，人们主要使用其杆上的纤维，该纤维拉力强、牢实，在纺织中往往用作经线。另外，火草为多年生植物，古时将其纤维用作火绒，故叫火草。每年六七月份采鲜叶，将它叶尖处折断露出背面纤维，顺其叶脉，一面撕，一面搓成线，搓完一半再接上另一半，一片接一片，如此反复，将其纤维搓成线，再用作纬线。因为火草的纤维拉力弱、韧性差，所以其通常只用作纬线。

### 3.1.2 读书

文心一言可以为用户提供各种书籍的相关信息和知识要点，帮助用户更好地理解书籍内容。同时，文心一言还会向用户推荐一些值得阅读的书籍，以便用户扩展知识领域，提升阅读兴趣。

#### 1. 功能介绍

以下是文心一言在读书方面能做的事情。

**（1）阅读辅助：** 文心一言可以为用户提供阅读辅助。例如，它可以帮助用户找到某本书的摘要、主要内容和主要人物等信息，同时还可以对一些难懂的句子进行解析，帮助用户更好地理解这本书的内容。

**（2）书籍推荐：** 文心一言可以根据用户的阅读兴趣和历史对话记录，为用户推荐合适的书籍。这样，用户就可以更轻松地发现并阅读自己喜欢的书籍。

**（3）读书建议：** 文心一言还可以为用户提供一些有关读书的实用建议。例如，怎样选择适合自己的书籍、如何提高阅读效率等，这些建议可以帮助用户更好地利用阅读时间，提升阅读效果。

**（4）知识问答：** 如果用户在阅读过程中遇到了问题，文心一言也可以为用户解答，以便用户更好地理解和分析书中的某个场景或情节，以及作者的某个观点。

**（5）阅读笔记：** 文心一言可以为用户提供阅读笔记。通过与文心一言对话，用户可以让文心一言记录下自己在阅读过程中的感悟、思考和问题等内容，方便日后进行回顾和整理。

#### 2. 使用技巧

以下是一些常见的关于读书的提问方式。

有哪些励志成长类书籍可以推荐给我？

《明朝那些事儿》系列的作者是谁？

有哪些科幻冒险小说可以推荐给我？

我正在学习英语，有哪些较好的英语学习书籍可以推荐给我？

请为我推荐一些经典文学著作，以便提升我的阅读兴趣。

我想看一些有关历史的书籍，请问你有什么书籍可以推荐给我？

我想了解人类心理学和行为学方面的知识，你有哪些书籍可以推荐给我？

我喜欢读推理小说，如《福尔摩斯探案全集》《完美嫌犯》等，你有类似的图书推荐给我吗？

有适合3~6岁小孩阅读的书籍吗？请列举5本。

我目前对某个领域（如经济、政治等）很感兴趣，你有哪些好的书籍可以推荐给我？

**3. 案例演示**

通过文心一言，用户可以很快了解一本书的中心思想，因为文心一言可以帮用户提炼精华部分并做出总结，以下是案例演示。

Q 某用户是一个读书博主，读了《悲剧的诞生》一书，大受触动，想在短视频平台上将这本书分享给粉丝，请你为他写一篇1000字左右的读书笔记。读书笔记包括对这本书的介绍，从书中获得的启发，以及推荐大家读这本书的原因。

A 《悲剧的诞生》：启程与探索

在无边的书籍海洋中，每一本书都有其独特的魅力和吸引力。今天，我想和大家分享的是一本深刻而奇妙的书——《悲剧的诞生》。这本书是德国哲学家尼采的代表作之一，探讨了悲剧艺术的起源和意义，深深触动了我的内心。

《悲剧的诞生》首次出版于1872年，该书从论述希腊悲剧的诞生入手，展开对艺术和美学的看法。书中，尼采试图解答这样一个问题：为何悲剧艺术在古希腊如此受欢迎，乃至成为那个时代的标志？他以全新的视角，将悲剧定义为一种对生命、苦难和毁灭的肯定，认为其是酒神精神的体现。

……

（因为生成的内容较多，这里节选部分内容。后面类似情况不再赘述。）

文心一言生成这篇笔记所用的时间是10秒左右，这说明它每秒可以生成100字左右的内容，且这些内容完全是根据用户的要求生成的，只要稍微改一下就可以使用了，由此我们可以预见文心一言以后在帮助人类学习方面将起到至关重要的作用。

从上述案例可以看到，文心一言已经自动帮用户生成了标题，如果觉得这个标题不够有吸引力，用户也可以让文心一言将其更换为更具吸引力的标题。

Q 请给这篇读书笔记起一个具有吸引力的标题，要求符合短视频平台爆款标题的特点，请提供五个供我选择。

A ❶【解读】《悲剧的诞生》：尼采对生命与艺术的深度探索

❷【揭秘】《悲剧的诞生》：探索悲剧艺术的神奇奥秘

❸【震撼】《悲剧的诞生》：揭示生命价值的必读之作

❹【推荐】《悲剧的诞生》：重新认识生命与艺术的经典之作

❺【解读经典】《悲剧的诞生》：尼采哲学思想的完美诠释

### 3.1.3 学习英语单词

文心一言不仅可以用于学习中文，也可以用于学习其他语言。接下来以学习英语单词为例，介绍怎样使用文心一言进行其他语言的学习。

#### 1. 使用技巧

以下为文心一言在学习英语单词上能够提供的帮助。

（1）文心一言可以帮助用户查找英语单词的含义，并展示其发音和用法示例。例如，用户可以提出“What is the meaning of this word 'expand'?”“What is the pronunciation of this word 'definition'?”“Can you give me an example sentence with the word 'word'?”等问题。

（2）用户可以通过询问文心一言如何拼写英语单词来进行练习。例如，用户可以提出“How do you spell 'word'? ”等问题。

（3）与文心一言进行英语对话是一个不错的学习方式。用户可以提出问题，文心一言会回答用户的问题，并纠正用户的语法和拼写错误。用户也可以告诉文心一言想要学习的英语单词，文心一言将为用户提供该单词的含义、发音和用法示例。

（4）文心一言可以根据用户提供的英语单词生成句子。用户可以询问“Can you give me an example sentence with the word 'word'?”，然后使用文心一言生成的句子来学习英语单词及其用法。

下面是一些常见的提问方式。

What is the definition of "perplexed"?

How do you pronounce"mischievous"?

Can you give me an example sentence with the word "gargantuan"?

How do you spell "onomatopoeia"?

Can you give me a sentence using the word "insidious"?

What is the meaning of the phrase "to make amends"?

Can you provide a synonym for the word "meticulous"?

What is the opposite of the word "generous"?

### 2. 案例演示

以下是使用文心一言进行英语单词测试的示例。

在进行英语单词测试时，用户可以先赋予文心一言英语老师的身份，告诉它自己目前拥有的词汇量，让它据此随机给出一个英语单词，如果用户认识就回复“Y”，它会继续给出下一个英语单词；如果用户不认识，就回复“N”，它便会告诉用户这个英语单词的类别、正确意思和发音，同时给出3个例句。

这样与文心一言进行英语对话，不仅能够提升用户自身的词汇量，还能帮助用户更好地理解英语单词的意思。

Q: You are now assuming the role of my English teacher.I have a vocabulary of approximately 20,000 words,and I am eager to be tested on new ones. During each session,please provide me with a single word accompanied by a sequence number. If I reply with a "Y",then you may present me with another new word. However,if my response is "N",please provide me with the word's category, pronunciation, definition,and three example sentences.Let's begin!

A: Sure, let's start with the first word. Here's the first word: "vicissitude".

Q: N

A: Sure, "vicissitude" is a noun that means a significant change or series of changes.

Here's its category, pronunciation, definition, and example sentences.

Category: Noun

Pronunciation: /vɪ'sɪsɪtuːd/

Definition: a significant change or series of changes

Example Sentences:

1. The company went through many vicissitudes in the past few years.
2. His career has undergone many vicissitudes since he graduated.
3. The vicissitudes of life taught me to appreciate the good times.

Q Easier one, please!

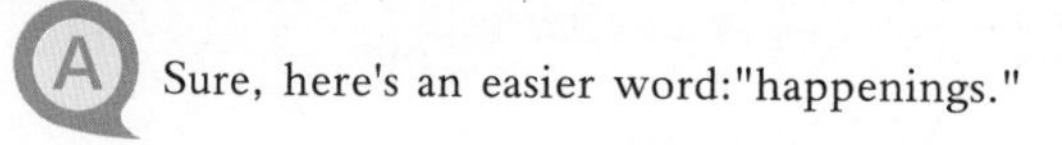

A Sure, here's an easier word:"happenings."

Q N

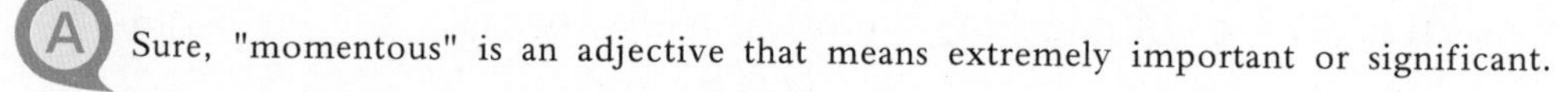

A Sure, "momentous" is an adjective that means extremely important or significant. Here's its category, pronunciation, definition, and example sentences.

Category: Adjective

Pronunciation: /moʊ'mentəs/

Definition: extremely important or significant

Example Sentences:

1. The momentous decision changed the course of history.
2. The outcome of the election was momentous for the future of the country.
3. The momentous news was announced at the end of the conference.

用户可以让文心一言生成简单的英语单词，同样也可以让它生成较难的，这取决于用户自身的需求。用户还可以让文心一言结合前面不认识的英语单词，编一个小故事，以帮助自己加深印象。

### 3.1.4 画思维导图

思维导图是一种图形化的组织思维和表达思想的工具。它将思想、概念和信息以图形化的方式组织起来，帮助用户更好地理解和记忆所学的知识。思维导图通常由一系列的节点和线条组成，节点代表概念或主题，线条代表概念之间的关系或层次结构。

文心一言会根据用户的需求生成一段Markdown语言，用户将这段Markdown语言复制到其他在线编辑工具中，便能生成一张思维导图。

Q 请以“三国演义人物关系”为主题，制作一张思维导图，要求包含《三国演义》中的主要人物和次要人物，请推荐一种适合思维导图的语言，并推荐一个在线思维导图工具。

A 首先，我们可以选择使用Markdown语言来编写思维导图的结构。Markdown语言可以通过使用缩进和符号来创建列表和层级。

以下是以“三国演义人物关系”为主题的Markdown形式的思维导图代码。

markdown 文心大模型3.5 复制代码

```markdown
# 三国演义人物

## 主要人物
- 刘备
- 曹操
- 孙权
- 诸葛亮
- 关羽
- 张飞
- 周瑜
- 司马懿

## 次要人物
- 吕布
- 貂蝉
- 黄忠
- 马超
- 赵云
- 姜维
```

其次，我们可以使用在线Markdown编辑器，比如StackEdit或者Dillinger，来将这段代码转化为思维导图。这些编辑器通常会有预览或导出功能，可以将Markdown文件转化为思维导图。

最后，如果想要将这张思维导图分享给他人，我们可以将它导出为图片或者PDF格式文件。许多思维导图工具都有导出功能，我们可以在菜单中找到对应的选项。

以上就是一个简单的主题为“三国演义人物关系”的思维导图的制作流程。如果我们想要制作更复杂的思维导图，可能需要花费更多时间来完善Markdown文件，或者使用功能更强大的思维导图工具。

把上述代码复制到Markdown编辑器中，例如StackEdit，并导出为Markdown文件。

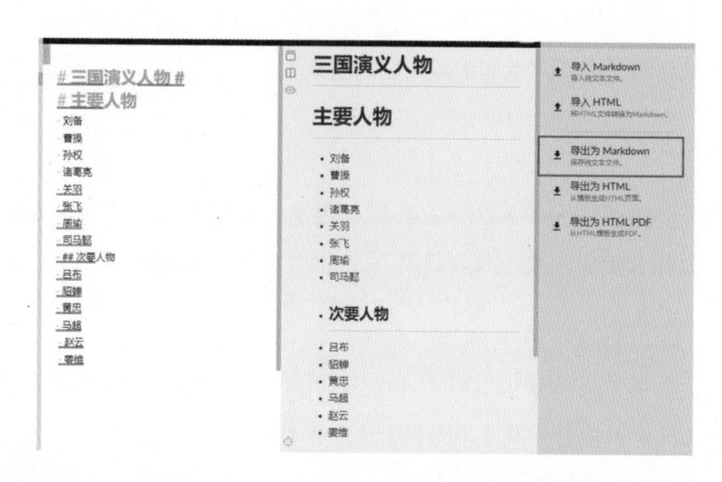


将导出的文件利用Xmind软件转换成思维导图。先将导出的文件导入Xmind中，接着在左上角的目录中，单击“文件”后找到导入，导入Markdown文件。

将文件导入后，可以有效提升用户工作效率。

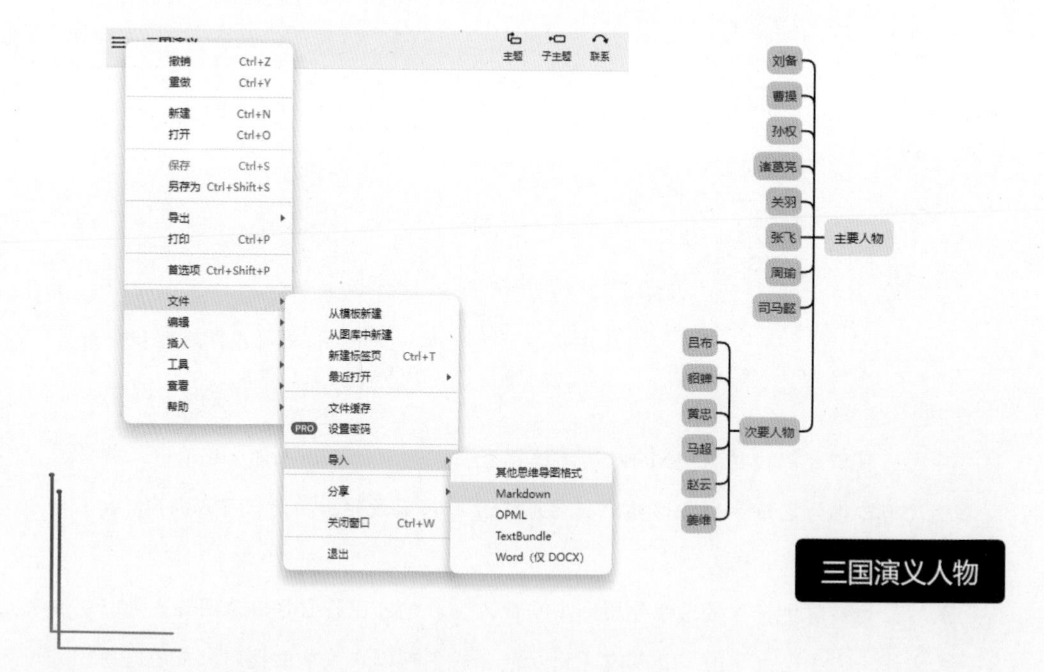

## 3.1.5 写实习报告

不少大学生在写实习报告的时候，不知道从何处入手，本节将介绍如何使用文心一言写实习报告。

请为一名大学生写数据分析师岗位的实习报告。

实习报告

岗位：数据分析师

实习公司：某互联网公司

实习时间：2023年3月至今

1.岗位介绍

数据分析师是负责收集、处理、分析和解释数据的专业人员。在这次实习中，我主要负责使用数据分析工具（如Excel、SQL等）对公司的数据进行处理和分析，并撰写分析报告，为公司决策提供数据支持。

2.岗位职责

❶ 收集并处理数据，确保数据的准确性和完整性。

❷ 分析数据，寻找数据中的规律和趋势，并解释其原因。

❸ 根据分析结果，撰写分析报告，为公司决策提供数据支持。

❹ 参与数据模型的构建和优化，提高数据分析的效率和精度。

3.工作成果

（1）数据处理和分析

我使用SQL语言从公司的数据库中提取所需数据，并使用Excel进行处理和分析。我分析了用户行为数据、销售数据等，发现了一些有趣的规律和趋势。例如，我发现用户在周末的购买量比工作日要低，但是转化率却比工作日要高。这是因为周末用户有更多的时间和精力去比较不同产品，因此更可能购买优质产品。

（2）分析报告撰写

根据我的分析结果，我撰写了多份分析报告，为公司决策提供了数据支持。例如，我撰写了一份关于用户流失的分析报告，指出了一些导致用户流失的原因，并提出了相应的解决方案。公司根据我的报告，采取了相应的措施，减少了用户流失率。

4.实习体会

通过这次实习，我深刻认识到了数据分析的重要性。数据分析可以帮助我们更好地理解用户行为和市场趋势，为公司的决策提供数据支持。同时，数据分析也需要我们具备扎实的技能和严谨的态度，以确保数据的准确性和分析的可靠性。

在未来的工作中，我将继续学习更多的数据分析工具和方法，不断提高自己分析和解决问题的能力。

### 3.1.6 生成论文大纲

论文写作也是大家的痛点、难点。当你对论文写作毫无头绪时，不如让文心一言帮你生成论文大纲，或许思路一下就打开了。

Q 请为我撰写一份论文大纲，论文的研究主题是“人工智能与医疗”。论文采用的是定量分析的方法，大纲需要包含研究问题、相关文献综述、研究方法、数据分析和结果呈现、结论与讨论等部分。注意需要保证内容逻辑清晰，分条表述。

A 论文大纲

一、引言

❶ 研究背景与意义

❷ 研究问题与目标

二、相关文献综述

❶ 人工智能在医疗领域的应用研究

❷ 人工智能在医疗领域的优势与局限研究

❸ 人工智能在医疗领域的未来发展趋势研究

三、研究方法

❶ 研究设计

❷ 样本与数据采集

③ 数据分析方法

④ 研究的信度和效度

四、数据分析和结果呈现

① 数据分析过程

② 数据分析结果

③ 结果解释与讨论

五、结论与讨论

① 研究结论

② 研究贡献

③ 研究局限性

④ 对未来研究的建议

六、参考文献

在撰写论文的过程中，请注意遵循学术规范和引用规则。大纲只是一个初步的框架，具体内容需要根据实际研究情况进行调整和完善。

## 3.1.7 知识预习

文心一言可以帮助用户预习课程内容，并找到课程重点。

Q 请列出大学初级会计课程中"权责发生制"的预习知识点。

A 以下是大学初级会计课程中"权责发生制"的预习知识点。

① 权责发生制是指在确认收入和费用时，应该以它们实际发生与否作为确认标准，而不考虑款项是否已经收付的会计核算原则。

② 在权责发生制下，无论款项是否收付，只要属于本期收入或费用，均计入本期；不属于本期收入或费用，即使款项已在本期收付，也不计入本期。

……

知识预习功能可以帮助用户提前了解和掌握某个知识点或某项技能。用户可以选择需要预习的具体知识点或课程，文心一言也会提供一系列相关的学习资料，帮助用户深入理解该知识点或课程。

## 3.1.8 英汉互译

英汉互译是文心一言提供的一种翻译服务，它可以帮助用户将英文句子及文本翻译成中文，或将中文句子及文本翻译成英文。

Q 请翻译以下英文文本。"Life is too short to spend time with people who suck the happiness out of you. If someone wants you in their life, they'll make room for you. You shouldn't have to fight for a spot. Never, ever insist on yourself to someone who continuously overlooks your worth. And remember, it's not the people that stand by your side when you're at your best, but the ones who stand beside you when you're at your worst that are your true friends."

A 生命太短，不要把时间浪费在那些会让你失去快乐的人身上。如果有人想让你参与他们的生活，他们会为你腾出空间。你不应该为了一个位置而争斗。永远，永远不要坚持让自己去迎合那些一直忽视你价值的人。记住，当你处于最佳状态时站在你身边的人并不是真正的朋友，而当你处于最糟糕状态时仍然站在你身边的人才是。

Q 请判断以下英语是否翻译正确，给出修改意见，并解释为什么。
no fear in my hreat：我的心没有恐惧

A 不正确。正确的翻译是"No fear in my heart"。"hreat"不是正确的单词，可能是拼写错误。

修改后的句子"No fear in my heart"是一个简单的陈述句，表示"我的心里没有恐惧"。这个表达方式简洁明了，符合英语语法和表达习惯。

关于为什么"hreat"是拼写错误，可能是因为想表达"heart"这个单词，但是拼写错误或者打字错误。在英语中，单词的拼写和发音有一定的规则和约定俗成的方式，所以在写作和打字时需要注意正确的拼写和打字技巧。

### 3.1.9 生成复习内容

用户可以让文心一言从老师的角度，生成复习内容并指出其知识点。

Q 现在你是一位大学老师，而我是你的学生。你需要为我列出《初级会计学》中“权责发生制”这一章节的复习知识点。

A 好的，以下是《初级会计学》中权责发生制这一章节的复习知识点。

1. 权责发生制定义：权责发生制是以权利和责任的发生来确认收入和费用，不论其款项是否收付。
2. 权责发生制原则：权责发生制原则是指，在确认收入和费用时，以权利和责任的实际发生为依据，不论其款项是否已经收付。

……

### 3.1.10 制订学习计划

文心一言的生成学习计划功能可以根据用户的目标和实际学习情况，为用户量身定制学习计划。具体来说，它会根据用户的目标和当前的知识水平，为用户推荐合适的学习材料和学习方法。同时，它还会根据用户的实际学习情况，动态调整学习计划，以确保用户能够达成学习目标。生成学习计划功能旨在帮助用户更加高效、有序地学习，提升学习效果。

Q 请为零基础学员制订Python速成学习计划。

A 欢迎来到Python速成学习计划！本计划旨在帮助零基础的学员快速掌握Python编程语言。通过对本计划的执行，用户将了解Python的基本语法、数据类型、控制结构、函数等知识，并能够使用Python解决实际问题。

学习目标

1. 掌握Python基本语法和常用数据类型；
2. 熟悉Python控制结构（如条件语句、循环语句、异常处理）；
3. 了解Python函数、模块和包的使用方法；

④ 能够使用Python解决实际问题，如数据分析、网页爬取等。

学习时间

本计划预计需要10周，每周20～30小时的时间来完成。

学习路径

❶ 第1周：了解Python基本语法和常用数据类型，包括变量、数值、字符串、列表、元组、字典等；

❷ 第2周：学习Python控制结构，包括条件语句、循环语句和异常处理；

……

❾ 第9周：开展Python项目实践，选择适合自己的项目进行实践；

❿ 第10周：总结学习经验，分享学习成果，总结不足之处，制订进一步提升计划。

学习方法

❶ 理论学习：通过阅读教材、在线课程、博客等途径学习Python基础知识；

❷ 实践练习：在学习过程中进行编程练习，加深对知识点的理解；

❸ 团队协作：参加学习小组，共同讨论问题，分享学习心得；

❹ 互动交流：参加线上或线下讨论会，与老师、同学交流，解决问题。

学习建议

❶ 坚持每天学习，保持良好的学习状态；

❷ 学习过程中注重实践，多进行编写代码的练习；

❸ 善于利用互联网资源，多查找相关资料，拓宽知识面；

❹ 注重知识的整合和运用，将所学知识应用于实际。

希望本学习计划能够帮助用户快速掌握Python编程语言。在学习的过程中，请保持耐心和恒心，相信自己的能力，不断进步！

## 3.2 创意写作

文心一言的创意写作功能可以为用户提供写作指导、范文参考和创作建议。具体来说，用户可以选择写作类型、主题和提出篇幅要求，然后输入相应的写作素材和想法。基于这些写作素材和想法，文心一言可以生成符合用户要求的文章初稿，并提供修改建议和语法校对等服务，帮助用户完善文章。此外，用户还可以参考文心一言提供的范文和学习其提供的写作技巧，从而提高自己的写作水平。创意写作功能旨在帮助用户快速生成高质量的文章，节省写作时间和精力。

## 3.2.1 诗词写作

文心一言的诗词写作功能主要用于创作诗词。用户可以选择不同的诗体、韵律和主题，然后输入相应的关键词和情感表达要求。基于这些内容，文心一言可以生成符合要求的诗词，并为用户提供修改建议和韵律校对等服务，帮助用户完善诗词。此外，用户还可以参考文心一言提供的诗词写作技巧和范文，从而提高自己的诗词创作水平。诗词写作功能旨在帮助用户快速生成高质量的诗词。

A 题目：江南春色

在江南，春天是一首动人的诗，

绿意盎然，花开满枝，

轻轻踩踏的小径，

是柳条拂面的温柔。

晨曦初破，江水悠悠，

渔舟唱晚，柳絮飘飞，

燕儿翩翩起舞，

穿透云层的霞光，

如诗如画，如梦如幻。

……

## 3.2.2 文本续写

文本续写功能是指利用自然语言处理技术和机器学习算法，对给定的文本进行续写或者补全。这个功能通常基于语言模型，比如循环神经网络或者Transformer等，通过对大量文本数据进行学习和训练，从而能够预测并生成下一个词语或者句子。

文本续写功能可应用于很多场景，比如自动写作、智能客服、智能推荐、机器翻译等。在自动写作场景下，这个功能可以帮助生成各种类型的文章，比如新闻报道、科技论文、小说等。在智能客服场景下，这个功能可以快速回答或者解决用户的问题。在智能推荐场景下，这个功能可以根据用户的历史行为和兴趣，预测用户可能感兴趣的内容，并进行个性化推荐。

Q 请以“一觉醒来之后，我发现”为开头续写一段科幻故事，要求故事线曲折离奇，引发读者无限联想。

A 一觉醒来之后，我发现自己身处一个陌生的宇宙中。我眼前的世界是由无数彩色的线条和几何形状构成的，仿佛一个高度抽象的梦境。我的感官仿佛被重新定义，我可以触摸到光线，听到色彩，闻到数字。

我很惊讶，并试图理解我所处的这个奇异世界。突然，一个声音在我的意识中响起，它说：“欢迎来到‘他者’宇宙，你是第一个觉醒的人。”

我环顾四周，试图找到这个声音的来源。突然，在我面前出现了一个奇异的生物——它的身体是由不断流动的几何形状组成的。它说：“你好，我是‘他者’族的代表，我们欢迎你的到来。”

我惊讶地望着它，然后试图用我所掌握的所有语言与它交流。然而，我发现我无法与它沟通。这个生物似乎理解了我的困惑，于是它又开口了：“不要担心，我们‘他者’族已经发展出了超越人类的语言理解能力。我们正在研究你们的语言和文明，以便更好地与你们交流。”

……

### 3.2.3 视频脚本制作

视频脚本制作功能可以用来规划和组织视频内容。它可以帮助创作者提前构思视频的主题、结构、镜头、场景等元素，并将这些元素以文字的形式记录下来。通过视频脚本制作功能，创作者可以更好地把握视频的整体思路和逻辑，确保在拍摄和制作过程中不会遗漏关键内容。

Q 现在你是一个资深美食自媒体“大V”，你需要写一份制作排骨米饭的视频脚本，要求画面鲜活、吸睛，过程专业。

A 标题：梦幻排骨米饭

场景1：（镜头聚焦在精心挑选的猪排骨和饱满的大米上，背景音乐轻松愉快）

旁白：大家好，欢迎来到我们的美食世界！今天，我们要一起制作一道绝佳的美食——排骨米饭！

场景2：（镜头展示排骨的准备过程，旁白详细讲解如何挑选和清洗排骨）

旁白：排骨是这道美食的灵魂，所以我们要选择新鲜的猪排骨。清洗排骨的时候，要用冷水泡一段时间，以去除血水和杂质。

场景3：（镜头切换到热锅热油，排骨下锅的场景）

旁白：热锅冷油，等油稍热时，将排骨放入锅中，煎至两面金黄，加入姜片、蒜末和适量料酒，为排骨增添独特的香气。

场景4：（镜头展示炖煮排骨的过程，旁白讲解如何掌握火候和时间）

旁白：接下来，我们将排骨放入高压锅中，加入热水、生抽、老抽、冰糖等。注意，火候和时间是关键，高压炖煮20分钟即可。

……

### 3.2.4 文本改写

文本改写是文心一言的一种自动化改写功能，它能够将输入的文本进行改写，使其在原意不变的情况下，以不同的方式表达出来。

该功能不仅可以提高写作效率，帮助用户快速修改文本，同时还可以提供更多的写作选择和可能性，帮助用户发掘文本的潜在含义和其他表达方式。

例如，对于需要撰写大量文本的工作者，如新闻记者、文案策划者等，文本改写功能可以帮助他们快速修改文章，提高文章的可读性和流畅性。同时，对于语言学习者和翻译者，该功能也可以帮助他们提高对语言的理解和运用能力。

以下是文本改写相关案例。

Q 请对以下段落进行改写。

“在夕阳刚刚落山的时刻，西方的天空依然沐浴着一抹橘红色的晚霞。这片霞光犹如燃烧的火焰，染红了大海，使其变得比天空更为壮丽。由于大海是动态的，每当一排排波浪涌起时，浪峰上的霞光，便仿佛无数燃烧的火焰在闪烁和跃动，又红又亮。随后，这些火焰般的景象又一一消失。而后续的波浪则继续闪烁着，滚动着，不断涌向岸边。”

要求内容连贯，辞藻华丽，画面鲜活，意境真切。

A 夕阳落山不久，西方的天空，还燃烧着一片橘红色的晚霞。大海，也被这霞光染成了红色，而且比天空的景色要更壮观。因为它是活动的，每当一排排波浪涌起的时候，那映照在浪峰上的霞光，又红又亮，简直就像一片霍霍燃烧着的火焰，闪烁着，随后便消失了。而后面的一排，又闪烁着，滚动着，涌了过来。

Q 请对以下段落进行改写。“雨，如同银灰色黏湿的蛛丝，织成一片轻柔的网，将整个秋的世界笼罩其中。天色暗沉沉的，如同古老的住宅里缠满蛛丝网的屋顶。堆在天上的灰白色云片，就像屋顶上剥落的白粉。在这古旧的屋顶的笼罩下，一切都是异常的沉闷。园子里绿翳翳的石榴树、桑树、葡萄藤，都不过是代表着过去盛夏的繁荣，现在已成了古罗马建筑的遗迹一般，在萧萧的风声中瑟缩不宁，回忆着光荣的过去。草色已经转入忧郁的苍黄，地上找不出一点新鲜的花朵；宿舍墙外一带种的娇嫩的洋水仙，垂了头，满眼含着泪珠，在那里叹息它们的薄命，才过了两天晴好的日子又遇到这样霉气薰薰的雨天。只有墙角的桂花，枝头已经缀着几个黄金一样宝贵的嫩蕊，小心地隐藏在绿油油椭圆形的叶瓣下，透露出一点新生命萌芽的希望。”

A 雨，像银灰色黏湿的蛛丝，织成一片轻柔的网，网住了整个秋的世界。天也是暗沉沉的，像古老的住宅里缠满蛛丝网的屋顶。那堆在天上的灰白色的云片，就像屋顶上剥落的白粉。在这古旧的屋顶的笼罩下，一切都是异常的沉闷。园子里绿翳翳的石榴树、桑树、葡萄藤，都不过代表着过去盛夏的繁荣，现在已成了古罗马建筑的遗迹一样，在萧萧的雨声中瑟缩不宁，回忆着光荣的过去。草色已经转入忧郁的苍黄，地上找不出一点新鲜的花朵；宿舍墙外一带种的娇嫩的洋水仙，垂了头，含着满眼的泪珠，在那里叹息它们的薄命，才过了两天的晴美的好日子又遇到这样霉气薰薰的雨天。只有墙角的桂花，枝头已经缀着几个黄金一样宝贵的嫩蕊，小心地隐藏在绿油油椭圆形的叶瓣下，透露出一点新生命萌芽的希望。

### 3.2.5 文本扩写

文本续写和文本扩写都是对现有文本进行扩展，但它们有着不同的目的和方法。

文本续写是在现有文本的基础上，继续创作新的内容，以形成一个更长更完整的故事。文本续写通常会遵循现有文本的风格，但也会引入新的元素和情节。例如，作者可能会在已经完成的部分之后，写一个新的章节来延续故事。

文本扩写则是对现有文本进行详细的阐述、补充或解释，以使读者更好地理解和领会现有文本的含义和意图。文本扩写通常会增加新的细节、例子、说明或解释，但不会改变现有文本的主题或核心内容。例如，在对一篇科学论文的解释中，科普作家可能会对论文中的一些概念、实验或理论进行扩写，以使普通读者更容易理解。

以下是文本扩写的相关案例。

Q 请将一段文本扩写为一篇小故事，让内容更加翔实，文本内容为："小明睁开眼，发现周围的景致变得模糊不清。转眼间，他置身于一个银白色的太空站内，可以看到黑黝黝的宇宙和遥远的星辰大海。"

A 在一个普通的周六早晨，小明从睡梦中醒来，睁开眼睛，却发现自己身处一个陌生的地方。他环顾四周，发现周围的景致变得模糊不清，自己仿佛置身于梦境之中。他感到有些惊慌，但随即意识到这可能是一次不可思议的冒险。

转眼间，小明发现自己置身于一个银白色的太空站内。他环顾四周，看到高科技的设备、透明的玻璃窗和银色的金属表面。透过窗户，他可以看到黑黝黝的宇宙和遥远的星辰大海，仿佛置身于浩瀚的宇宙之中。

小明开始探索这个神秘的太空站。他发现了一些有趣的设备，比如飞船、实验室和生态舱。在实验室里，他发现了一些关于太空探索的资料和仪器，这让他对太空站的功能和目的有了更深入的了解。在生态舱里，他看到了许多奇特的植物和动物，这些生物能够适应太空的环境。

在太空站中，小明还遇到了一些奇怪的事情。他发现了一些神秘的符号和信息，这些符号和信息让他感到困惑和不解。他还遇到了一些奇怪的人，他们身穿银色的宇航服，面无表情地走来走去。小明感到有些不安，但他也充满了探险的欲望。

在这个神秘的太空站中，小明经历了一系列惊险刺激的冒险。他发现了许多关于太空和宇宙的奥秘，也发现了自己的勇气和智慧。最终，他成功地解决了自己在太空站遇到的一系列问题，顺利地返回了地球。

### 3.2.6 剧本创作

剧本创作功能主要是为了帮助用户创作故事或剧本。用户可以输入自己的创意或者背景信息，然后文心一言会根据用户输入的内容生成一个初步的故事或剧本。当然，这只是初稿，用户可以根据自己的喜好和需求进行修改和调整。另外，用户也可以通过参考剧本模板来创作剧本，让内容更加规范和丰富。

以下是具体的案例。

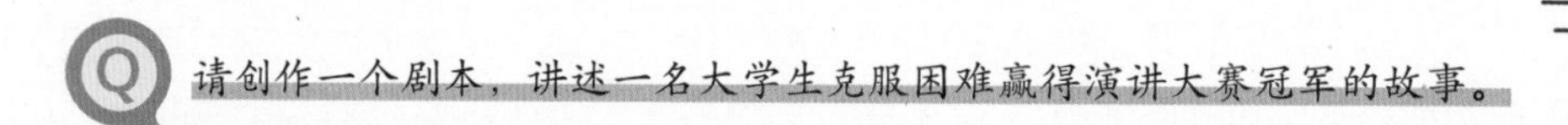

请创作一个剧本，讲述一名大学生克服困难赢得演讲大赛冠军的故事。

剧本标题：演讲之梦

场景1：大学校园，早晨

（镜头聚焦在一名年轻人的脸上，他就是主角——大学生林晓。他满脸焦虑，似乎在做一个重要的决定。）

林晓（内心独白）：我真的很想参加演讲大赛，可是我一紧张就会口吃，这样的我该怎么面对观众呢？

（镜头转至林晓的朋友——李明，他看到林晓很焦虑，便走过来安慰他。）

李明：晓，你一直很有想法，如果你不敢去尝试，就永远没有机会成功。

（林晓听了朋友的话，眼神中闪烁着坚定的光芒。）

林晓：谢谢你，李明，我会试着去克服自己的恐惧。

（镜头聚焦在林晓站在演讲台上的样子，他深深吸了一口气，开始了他的演讲。）

场景2：演讲比赛现场，气氛热烈

（主持人宣布比赛开始，镜头展示各位选手的演讲。林晓则站在台上，紧张地捏着手中的稿子。）

（评委开始打分，观众鼓掌。林晓的演讲开始变得流利，他的内容深刻而动人，观众和评委都为之动容。）

（演讲结束，全场瞬间响起热烈的掌声。林晓带着微笑走下台，他知道自己已经尽力了。）

场景3：比赛结束，结果公布

（主持人走上台，宣布比赛结果。林晓的心跳得飞快。）

主持人：本次演讲大赛的冠军是……（停顿一下）林晓！

（林晓听到自己的名字，惊喜万分。他走上台，接过奖杯，全场掌声雷动。）

林晓（内心独白）：我做到了，我赢得了演讲大赛的冠军，我克服了自己的恐惧。

（镜头聚焦在林晓举起奖杯的瞬间，他的脸上绽放出灿烂的笑容。）

……

## 3.2.7 标题生成

标题生成功能可以根据给定的文本，自动从文本中提取关键信息，生成简洁、醒目、具有吸引力的标题。

请作为一名媒体编辑，为“九九”重阳节全民开启登山活动的新闻报道拟一个标题。

“九九”重阳节：全民共赴登山盛事，传承敬老爱老新风尚。

## 3.3 绘画达人

绘画达人是一种绘画功能，可以根据用户的文字描述或简单的草图，生成精美的画作。该功能主要通过深度学习和大量训练数据来进行模型训练，以实现画作的生成。

绘画达人的应用场景非常广泛，如用户自定义创作画作、生成艺术作品、设计徽标和品牌形象等。同时，由于该功能能够根据文字描述自动生成画作，因此其在文学、电影等领域也有着广泛的应用，如绘制插画、制作电影海报等。

即便是没有绘画基础的用户，也可以通过该功能创作出自己心目中的画作。同时，绘画达人还提供了一些模板和素材，以帮助用户更好地进行创作。

虽然文心一言是一种以文本处理为主的人工智能工具，但其在绘画方面的表现也是非常出色的，能生成各种风格的画作。以下是几个具体案例。

Q 请画一幅画：写实类风格美少女，动漫风，唯美，柔和，二次元，厚涂，精致细节，高清，精细刻画。

A

Q 请画一幅画：琉璃摆件，多彩鲜花，细节丰富，静物摄影，轮廓光。

A

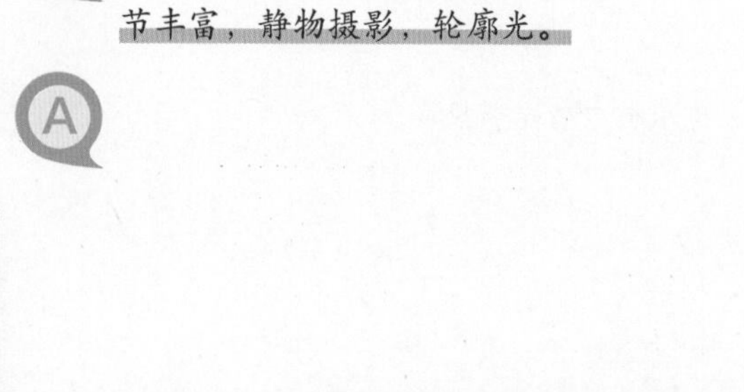

Q

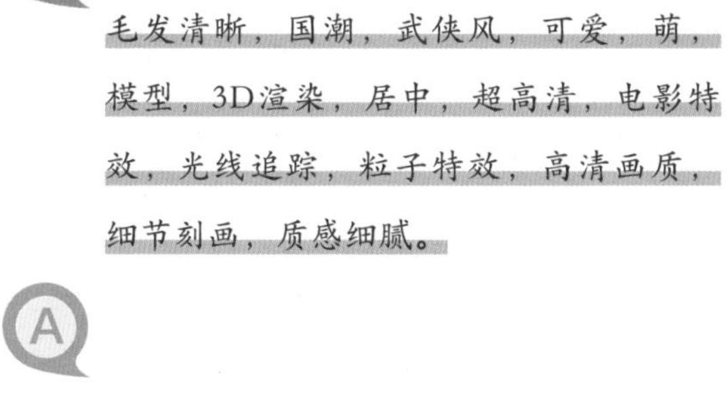
请画一幅画：小兔，全身，精致细节，毛发清晰，国潮，武侠风，可爱，萌，模型，3D渲染，居中，超高清，电影特效，光线追踪，粒子特效，高清画质，细节刻画，质感细腻。

A

Q

请画一幅画：女孩，真人，全身构图，完美容颜，甜美可爱，身材苗条，高清，皮肤白皙，黑色长发，微笑。

A

我画好了，欢迎对我提出反馈和建议，帮助我快速进步。

Q

请画一幅画：水墨画，万里长城，朦胧，层次分明，宏伟壮丽，国风，国富民强，红色印章，全屏。

A

# 3.4 教育培训

随着人工智能的快速发展，文心一言在教育培训领域有了广泛的应用。从绘本制作到幼儿早教，从论文撰写到学习辅助，它逐渐成为教育培训领域中的一个重要工具。本节将介绍文心一言在教育培训领域的应用。

## 3.4.1 课程设计

课程设计是指有目的、有组织地设计课程计划（教学计划）、课程标准（教学大纲）、教材等的系统化活动。

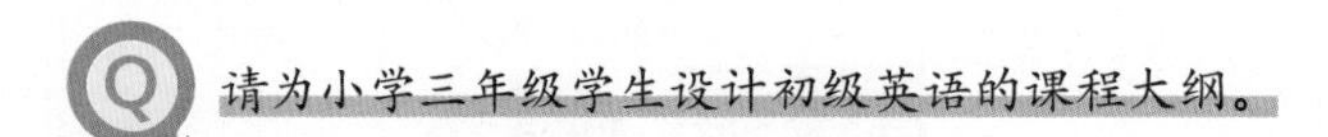

Q 请为小学三年级学生设计初级英语的课程大纲。

A 课程名称：初级英语（三年级）

课程目标：通过本课程的学习，学生能够初步掌握英语的基本语音、语法和词汇，能够进行简单的英语对话和读写，培养学习兴趣和自信心。

课程大纲

第一部分——语音和语法

❶ 学习语音基础知识：学习元音、辅音、音标等基础知识，掌握正确的英语发音方法和技巧。

❷ 学习语法基础知识：学习名词、动词、形容词、副词等词性，掌握简单的句型结构和时态。

第二部分——词汇

❶ 学习日常生活中的常见词汇：如数字、颜色、形状、动物、水果等。

❷ 学习基本的交流用语：如问候、介绍、感谢、道歉等。

第三部分——阅读和写作

❶ 学习简单的英语对话和短文，能够进行初步的英语对话和读写。

❷ 学习基本的标点符号和书写规范，能够正确地书写英语句子和短文。

第四部分——文化知识

❶ 学习英语国家的文化背景和风俗习惯，了解中西方文化的差异。

② 了解英语歌曲、电影等，培养跨文化意识和语言实践能力。

教学方法

① 运用多媒体教学，通过生动形象的图片、视频等素材帮助学生理解和记忆。

② 组织对话和交流活动，让学生在真实的语境中学习和运用英语。

③ 采用游戏和竞赛等方式，激发学生的学习兴趣和积极性。

④ 重视学生的个体差异，进行分层教学，让每个学生都能得到充分发展。

评估方式

① 通过课堂表现、作业、测验等渠道及时了解学生的学习情况，并据此调整教学策略。

② 每个阶段结束后，进行一次全面的考试，检验学生对所学内容的掌握程度。

### 3.4.2 中文作业批改

中文作业批改是指对中文文本进行语法、拼写、文采等方面的批改和评估。这种批改可以帮助用户发现和纠正中文文本中的错误和不合适之处，进而提高自己的写作水平和语言表达能力。

在实际应用中，中文作业批改需要用到自然语言处理技术和算法模型，如分词、词性标注、语法分析、机器学习等。通过对中文文本的分词、词性标注和语法分析，文心一言可以发现中文文本中的错误和不合适之处，并给出相应的修改建议。同时，通过机器学习算法模型，文心一言可以对中文文本的文采、表达方式等方面进行评估和改进，从而帮助用户提高自己的写作水平和语言表达能力。

Q 请作为阅卷老师对下面的中文作文内容进行批改，您需要明确指出段落结构、修辞手法等可优化点并给出对应的优化建议。您需要批改的作文内容为："我最喜欢的动物是猫。猫有很强的狩猎本能。即使在家里，它们也会经常玩狩猎游戏，追逐任何可以移动的东西。看到猫追逐老鼠或者玩具时，我觉得它们非常有趣。猫也非常善于自我保护。感到害怕时，它们会立即找到一个安全的地方藏起来。即使是在陌生的环境中，它们也可以很快地适应。总的来说，猫是非常有趣和机智的动物，也是我最喜欢的动物之一。我希望有一天能拥有一只自己的猫，和它一起度过美好的时光。"

这篇文章主要描写了猫，整体上结构清晰，但是有一些地方可以进行改进和优化。以下是我的批改建议。

1. 开头：文章开头可以更加引人入胜，以吸引读者的注意力。例如，你可以设置一个情境，使读者对猫产生好奇心。
2. 段落结构：整篇文章可以按照“总—分—总”的结构来安排，使条理更加清晰。对于每个段落，可以增加一个概括性的主题句，以帮助读者更好地理解段落大意。
3. 内容丰富性：对于每个段落，可以增加具体的细节和例子，使文章更加饱满、有趣。
4. 修辞手法：适当运用修辞手法可以增强文章的感染力，使读者更容易产生共鸣。例如，可以使用比喻、拟人等修辞手法来形象地描述猫的特点。

根据以上建议，以下是优化后的版本。

在我遇见的各种生灵中，我最钟情于猫。它们那优雅的步伐和神秘的独居生活，让我对它们产生了浓厚的兴趣。

首先，说到猫的狩猎本能，它们无疑是自然界中的熟练猎手。即使在家中，它们也热衷于玩狩猎游戏，任何可以移动的东西都可能成为它们的猎物。我曾亲眼见过一只猫全神贯注地追赶一只老鼠或是一个玩具，那种场面既搞笑又充满了趣味性。

然后，说到自我保护，猫无疑是最善于自我保护的动物之一。当它们感到害怕时，它们会立即找到一个避难所藏起来。即使是在一个完全陌生的环境中，它们也能够迅速地适应，这种适应性令人惊叹。

总的来说，猫是一种机敏又有趣的动物，它们独居的习性和优雅的举止让我对它们非常着迷。我憧憬着有一天能拥有一只自己的猫，与它共度每一个悠闲的午后和清晨。

### 3.4.3 教学实例生成

教学实例生成是指根据特定的教学内容和教学目标，结合实际教学需求，生成具有针对性、实用性和创新性的教学实例。

通过引入教学实例，教师可以帮助学生发现所学知识的实际应用价值，从而激发他们的学习兴趣。例如，引入一些与学生日常生活相关的教学实例，可以让他们感受到学习的乐趣和实用性。

Q 我是一名教师，我将在物理课上介绍牛顿第二定律这一概念。请为我提供至少三个实例和对应的见解，来帮助学生更彻底地理解这个概念。

A 牛顿第二定律是物理学中的一个基本概念，它描述了物体加速度与作用力之间的关系。为了帮助学生更彻底地理解这个概念，你可以使用以下三个实例和见解。

1.火箭发射

在火箭发射中，牛顿第二定律的表现尤为明显。点燃火箭后，燃料燃烧产生的推动力作用在火箭上，产生了向上的加速度。根据牛顿第二定律$F=ma$，作用力$F$（在这种情况下是推动力）等于物体的质量$m$与加速度$a$的乘积。火箭的质量没有改变，但是因为推动力远大于地球对它的吸引力，所以它获得了向上的加速度。

见解：通过这个实例，你可以帮助学生理解牛顿第二定律如何应用在实际生活中，以及物体质量、作用力和加速度之间的关系。

2.荡秋千

……

3.滑雪

……

通过以上三个实例和见解，学生可以更好地理解牛顿第二定律的概念和原理，并将其应用到实际生活中。作为教师，你可以使用这些实例帮助学生加深对物理学的理解。

### 3.4.4 辅助育儿

孩子晚上入睡难，用户可以让文心一言给孩子编一个睡前故事。

Q 以兔子、森林、大灰狼、公牛为素材，编一个睡前故事，要求有教育意义，讲给4岁的儿子听，大概500字。

A 在一个美丽的森林里，住着一只可爱的小兔子。它名叫萝卜，喜欢在森林里跳跃和玩耍。森林里有许多有趣的角落，比如高大的树木、鲜花盛开的草地，还有萝卜最喜欢的地方——一片开阔的草地。

有一天，萝卜正在草地上跳跃时，突然出现了一只大灰狼。大灰狼看见了萝卜，立即决定把它吃掉。萝卜吓坏了，赶紧躲进了附近的树丛里。

大灰狼在草地上四处寻找萝卜，萝卜小心翼翼地躲在树丛里，尽量不发出声音。幸运的是，大灰狼并没有找到萝卜。萝卜松了一口气，认为自己安全了。

然而，当萝卜准备出来时，一头公牛出现在了草地的另一头。公牛看起来很强壮，萝卜害怕它会像大灰狼一样威胁自己的安全。萝卜又开始担忧起来，它不知道应该怎么办。

……

当新手爸妈遇到不会的问题时，同样可以向文心一言提问。

Q 正确的冲奶粉的步骤是什么？

正确的冲奶粉的步骤如下。

❶ 清洁：在冲奶粉前，要先用肥皂洗净双手，洗手过程至少需要20秒，用流动的水冲洗干净后擦干双手，同时也要保证冲奶器具的清洁。

❷ 准备水：将洁净的水烧开后放凉到40～50℃。水温过高会破坏奶粉中的营养物质，水温过低会影响奶粉的溶解。

❸ 准备奶粉：根据宝宝的需求取适量奶粉，例如某阶段的宝宝每天每次需摄入6勺奶粉，这时要用专用奶勺取6平勺，不建议每次取用不均，避免奶粉的浓度不同影响正常营养状态。

❹ 冲奶：先将规定量的温水注入奶瓶中，然后加入对应量的奶粉。每次量取奶粉时都要用洁净的器具刮平勺子，确保每勺奶粉的量都是精确无误的。

❺ 摇晃：加好奶粉后，盖上奶嘴和瓶盖，缓慢地摇晃奶瓶，让水和奶粉充分融合。

❻ 测试温度：喂奶前要测试温度，可以将少量奶液倒在手上，如果觉得温度适宜，通常可以进行喂食；如果奶液过烫或者过凉，则要进行重新冲释，避免造成口腔黏膜烫伤或因过凉影响胃肠功能。

### 3.4.5 数学问题解答

可能有不少人认为文心一言在文本生成方面很厉害，而在数理逻辑方面较弱，实则不然。随着文心大模型的快速发展，它的数理逻辑能力得到显著增强，它不仅能够帮助我们进行文本生成和自然语言处理，还可以成为我们的数学助教，解答各类数学问题。无论是代数、几何、微积分还是统计学，文心一言都能提供相关习题的解答步骤和答案，让数学学习变得轻松有趣。下面的案例展示了如何利用文心一言解答数学问题。

Q 一个等差数列共$n$项，其和为90，这个数列前十项的和为25，后十项的和为75，则项数$n$为（ ）。请写出解题过程。

A.14　B.16　C.18　D.20

A 如果一个等差数列共有$n$项，其和为90，前十项的和为25，后十项的和为75，我们可以根据等差数列的求和公式，列出方程求解。

已知等差数列的和为90

已知等差数列前十项的和为25

已知等差数列后十项的和为75

根据等差数列的求和公式：

$S_n=n/2\times（a_1+a_n）$

我们可以列出方程：

$90=n/2\times（a_1+a_n）$

又因为前十项的和为25，后十项的和为75，我们可以列出另外两个方程：

$25=10/2\times（a_1+a_{10}）$

$75=10/2\times（a_{10}+a_n）$

将两个方程联立起来，解得：

$n = 18$

所以，这个等差数列的项数为18

此外，用户也可以让文心一言扮演数学助教的角色，一步步引导自己解决数学难题。大家可以自行尝试。

## 3.4.6 升学择业顾问

升学择业顾问具备丰富的学科知识和行业经验，能够根据学生的兴趣、能力和职业规划，提供全面的升学择业指导。为升学择校、毕业择业而感到忧虑时，不妨来看看文心一言给出的建议。

Q 现在你是一名精通升学择业的教育顾问，你需要结合全面的大学院校相关知识来将南京航空航天大学与西安电子科技大学做综合比较分析。

A 南京航空航天大学和西安电子科技大学都是知名的大学，它们各有优势，具体的比较如下。

学校背景：南京航空航天大学创建于1952年，是中国最早创建的航空高等院校之一，是一所以工为主，理工结合，多学科协调发展的大学。而西安电子科技大学则成立于1931年，是中央部属高校，直属于教育部，为全国重点大学。

学科实力：南京航空航天大学在航空、航天、民航等领域有着较强的学科实力，其工科实力较强，特别是航空宇航科学与技术、力学、机械工程等学科在国内具有一定的知名度和影响力。而西安电子科技大学则以信息与通信工程、电子科学与技术等领域为主，其通信工程、电子信息工程、计算机科学与技术等学科在国内具有一定的优势。

就业前景：两所大学的毕业生都非常受欢迎，都有广泛的就业前景。

发展前景：南京航空航天大学和西安电子科技大学都是国家“双一流”建设高校，发展前景都非常广阔。特别是随着国家对新兴科技领域的投入加大，两所大学的前景更加光明。

综合来看，南京航空航天大学和西安电子科技大学各有所长，具体选择要根据你的兴趣和职业规划来决定。如果你对航空、航天、民航等领域有兴趣，南京航空航天大学是个不错的选择；而如果你更倾向于在信息与通信工程、电子科学与技术等领域发展，那么西安电子科技大学则更适合你。

## 3.4.7 幼儿教学活动

幼儿教学活动通常涵盖了多个领域，包括健康、语言、数学、科学、艺术、社交等。这些教学活动旨在帮助幼儿建立对不同领域的基础认知和掌握不同的技能，为未来的学习和生活打下基础。

Q 你是一名幼儿园老师，请设计一些课外活动来提高小朋友们的动手能力，并激发他们的创造力。

A 作为一名幼儿园老师，设计课外活动来提高小朋友们的动手能力和创造力是非常重要的。以下是一些可以考虑的课外活动。

手工制作：通过引导小朋友们使用各种材料和工具，鼓励他们参与手工制作活动。例如，制作小玩具、装饰品、礼物等。

种植和养殖：组织小朋友们参与种植和养殖活动，例如种植花草、蔬菜和水果，以及养殖小动物。

绘画和创意设计：让小朋友们尝试各种绘画方法，例如涂鸦、配色等。此外，可以鼓励他们运用创意设计各种物品，例如设计自己的房间、制作手工艺品等。

探索和发现：组织小朋友们参与各种探索和发现活动，例如观察自然界的变化、探究科学现象等。

组合和构建：让小朋友们使用各种组合和构建材料，例如积木、拼图等，自由发挥想象力，搭建自己的小天地。

这些课外活动不仅可以帮助小朋友们提高动手能力和创造力，还可以促进他们认知、情感和社交等方面的能力的发展。在组织这些活动时，需要鼓励小朋友们积极参与，同时注意安全和卫生问题。

## 本章小结

本章主要向读者展示了文心一言在学习方面的应用场景，例如读文献、学习英语单词、画思维导图等，并结合案例让读者对文心一言的使用方法有了更进一步的了解。

## 拓展训练

❶ 请使用文心一言写一篇主题为“学会感恩”的演讲稿，要求字数不得少于1500字，内容丰富，可读性较强。

❷ 请使用文心一言撰写一份租期为3年的租房合同。

# 04 CHAPTER 04

# 文心一言应用场景之工作篇

在如今快节奏的工作中，高效办公已经成了许多人的共同目标。文心一言可以帮助用户更好地应对日常工作中的各种挑战，提高工作效率和质量。

## 4.1 职场效率小帮手

在职场中，企业或个人可以利用文心一言撰写邮件、生成日报和调研报告等，只需向文心一言提供关键词和描述需求，它便可生成各种有针对性的内容。

### 4.1.1 撰写和处理各类邮件

邮件是一种非常常见的沟通工具，可用于多种场合，如工作、学习、社交等，可以帮助人们快速、方便地传递信息、分享内容、解决问题和建立联系。你只需要向文心一言提供邮件的关键内容、撰写要求和身份，它便可生成一封专业的邮件；同时你也可以向它提供一封邮件，让它帮你提取关键内容。

Q 你是一名销售经理，你需要给大客户写一封关于大客户专属年中大促活动的邮件，邮件内容需要包含活动的大致安排，要求内容简洁、吸引客户。

A 尊敬的（客户姓名），

我代表（公司名称），希望您一切安好。

我写这封邮件是为了邀请您参加我们即将举办的专属大客户年中大促活动。这是我们特别为尊贵的大客户们准备的一场精彩绝伦的促销盛宴，旨在感谢您一直以来对我们公司的支持和信任。

活动将在（活动日期）在（活动地点）举行。我们已经精心策划了一系列精彩的活动，包括（活动内容），更有众多神秘礼物等您来拿。此外，我们还邀请了业内权威讲师，为您详细解读行业趋势和最新产品信息。当然，我们也为您准备了丰富的美食，让您在轻松愉快的氛围中度过一个美好的下午。

为了确保活动的顺利进行，我需要您的宝贵意见。请在（反馈截止日期）前回复此邮件，告诉我们您是否能够参加此次活动，以及是否有任何特别的饮食要求或建议。如果您有任何疑问或需要进一步的信息，请随时与我们联系。

我们期待着您的参与，并感谢您一直以来对我们公司的信任与支持。

Q 你现在是一个会务行政专家，请写一封邮件邀请VIP客户参加高端客户专享新品发布会。注意邮件中需要根据邀请事项列出计划的日程，还要根据邀请对象及邀请事项的主题确定表达风格，如针对VIP客户应当礼貌含蓄并表达敬意。

A 尊敬的（VIP客户姓名），

我代表（公司名称），诚挚地邀请您参加我们即将举办的高端客户专享新品发布会。这是我们特别为尊贵的VIP客户精心策划的一次活动，旨在展示我们最新的产品，并感谢您一直以来对我们公司的信任和支持。

以下是活动日程的安排。

活动日期：……

活动时间：……

活动地点：……

活动将有精彩的环节等待您的参与。

❶ 新品展示：我们将为您展示最新开发的系列产品，并详细介绍其独特优势和功能。

❷ 互动体验：您将有机会亲身体验这些新产品，并在专业指导下进行操作。

❸ 专题讲座：我们的专家团队将为您提供一场精彩的讲座，分享行业最新动态和市场趋势。

❹ 鸡尾酒会：为了让您感受到更加轻松的氛围，我们将举办一场鸡尾酒会，为您提供舒适的社交环境及美味的饮品和小吃。

我们非常期待您能够参加此次活动，并与我们的团队成员和其他VIP客户一起分享这一令人兴奋的时刻。为了确保活动的顺利进行，请您在（回复截止日期）之前回复此邮件，告诉我们您是否能够参加此次活动，以及是否有任何特别的饮食要求或建议。如果您有任何疑问或需要进一步的信息，请随时与我们联系。

再次感谢您的支持和信任，期待在活动现场与您相见！

Q 请帮我总结一封电子邮件的内容，总结需要包含以下四个部分：（重要性）根据内容判断事项是否重要，结果包含重要、不重要；（紧急性）根据内容判断事项是否紧急，结果包含紧急、不紧急；（核心内容）使用简短的话语总结邮件的核心内容；（需要回复内容）请判断邮件中哪些内容需要获得我的回复/确认，以列表形式呈现。接下来，请对下面这封邮件的内容进行总结。

全体员工：

为了改善大家的身心健康状况，提高工作效率，公司特别安排了一次瑜伽兴趣培训，现将培训内容通知如下。

日期及时间：8月15日（周六）上午9:00至11:00。

地点：公司三楼活动室（面积120平方米，可容纳30人参加培训）。

培训内容：专业瑜伽教练将为大家进行基础的瑜伽技能和健康知识培训。

瑜伽是一种低强度有氧运动，适合各年龄层人群。大家能够通过姿势练习、呼吸技巧练习等，改善身体的柔韧性和平衡感，帮助身体各系统更好地运行，有效减压提神。

本次培训重点讲解：

（1）基本的瑜伽哲学及其健康效果介绍；

（2）冥想和呼吸技巧演练；

（3）10多个常见的基础瑜伽姿势示范及练习（包括猿人式、波浪式等）；

（4）开展瑜伽练习时需要注意的安全事项；

（5）做瑜伽时适宜穿戴的服装和个人物品；

（6）培训结束后如何延续瑜伽运动。

培训具体流程：

9:00–9:30 瑜伽基本概念介绍；

9:30–10:10 冥想、呼吸技巧及基础姿势练习；

10:10–10:30 休息10分钟；

10:30–11:00 高难度姿势练习及问答环节。

如有意参加本次瑜伽兴趣培训，请于8月10日前通过邮件或电话告知我。若您有任何问题或建议，也欢迎与我联系。

这是将邮件内容摘要以表格形式呈现的结果。这个表格清晰地列出了邮件内容摘要的各个方面，方便查看和理解。

| 项目 | 内容 |
|---|---|
| 重要性 | 重要 |
| 紧急性 | 不紧急 |
| 核心内容 | 公司将于8月15日（周六）上午9:00—11:00在公司三楼活动室举办瑜伽兴趣培训，内容涵盖基础瑜伽技能和健康知识。 |
| 需要回复的内容 | 1. 如有意参加培训，请在8月10日前通过邮件或电话告知。 |
|  | 2. 若有关于培训的问题或建议，请与我联系。 |

## 4.1.2 生成工作计划

文心一言可以在用户输入需求后，通过自然语言处理技术和机器学习算法，快速分析需求并自动生成一个可供参考的工作计划。这个功能可以帮助用户更快速、高效地制订合理的工作计划，提高工作效率。

Q 请为一名资深软件测试工程师编写一个第三季度工作计划，要求实现完成测试用例管理后台及至少三个通用的重要业务自动测试脚本的目标。注意你的计划需要包括以下要点：（工作目标）明确你要达成的目标，把目标分解成具体的、可衡量的指标；（工作任务）列出达成目标所需完成的任务，为每项任务设定截止日期，并规划好时间；（所需资源）确定你需要哪些资源来协助你完成任务；（风险预测）预测可能出现的困难和挑战，提前想好应对策略；（跟进与评估）制定可跟踪进度的目标，设置定期检查机制。

第三季度软件测试工程师工作计划

一、工作目标

本季度工作目标为完成测试用例管理后台及至少三个通用的重要业务自动测试脚本的编写与实施。具体目标如下：

完成测试用例管理后台的研发与上线，其应具备完整的测试用例管理功能，包括用例的创建、编辑、删除、执行、报告等功能。

完成三个通用的重要业务自动测试脚本，其应覆盖功能测试、性能测试、兼容性测试等领域，以提高自动化测试水平与效率。

二、工作任务与时间表

测试用例管理后台开发与上线

截止日期：Q3-M-31

主要任务：完成后台数据库设计、界面设计、后端编程与调试、前端编程与调试、上线部署等工作。

……

三、所需资源

人力资源、硬件资源、软件资源、外部资源。

四、风险预测

技术难点：可能遇到技术上的挑战，需要提前学习新技术或寻求同事帮助。

项目延期：如果遇到不可预料的问题，可能需要申请延期。

需求变更：可能遇到需求变更频繁等问题，需要灵活应对并及时调整计划。

五、跟进与评估

每两周进行一次项目进度会议，评估工作进度，及时调整计划。

每季度末进行项目总结，总结经验教训，持续改进工作方法。

Q 请为销售经理写一个月度计划，目标为提高业绩。

A 销售经理月度计划

一、引言

作为销售经理，我们的职责是领导销售团队，实现销售目标，并确保客户满意度。为了提高公司业绩，本月度计划侧重于以下几个方面：扩大市场份额，提高客户满意度，优化销售流程，以及培养团队能力。

二、工作计划

制订销售策略（×月×日至×月×日）

分析市场需求、行业趋势和竞争对手情况

制订针对性的销售策略，包括推广计划、定价策略和销售目标

拓展市场与渠道（×月×日至×月×日）

扩大客户群体，发掘潜在客户

与市场部门紧密合作，策划并执行市场活动

优化销售流程（×月×日至×月×日）

完善销售漏斗，提高销售线索转化率

优化客户服务流程，提高客户满意度

培训与团队建设（×月×日至×月×日）

定期开展销售技巧培训，提高团队能力

加强团队协作与沟通，完善销售数据统计与分析

三、资源安排

人员：配备专业的销售团队，包括销售经理、销售代表和客户服务人员

时间：合理分配时间资源，确保各阶段工作按时完成

资金：申请必要的市场推广和销售活动预算

物资：准备必要的销售工具和资料，包括产品手册、销售话术等

四、风险管理

市场变化：关注竞争对手动态和市场趋势，及时调整销售策略

客户需求变化：定期收集客户反馈，了解客户需求，优化产品与服务

人员流失：制订人员留用政策，提高员工福利待遇，降低人员流失率

预算超支：严格执行预算计划，避免不必要的开支。如有需要，及时向领导汇报并申请预算调整。

产品问题：如遇到产品质量或技术问题，及时与生产、研发部门沟通，尽快提出解决方案，确保客户满意度。同时，积极应对可能出现的公关危机，做好危机公关工作。

法律风险：遵守国家法律法规和商业道德规范，防范法律风险。同时，注意保护公司商业机密，防止泄露。

数据安全：确保销售数据的准确性和安全性，避免因数据泄露或损坏而给公司带来损失。

合规性：在进行业务拓展过程中，严格遵守公司的合规政策，防止出现合规风险。在进行与竞争对手的比较分析时，应避免使用不正当手段进行诽谤或恶意竞争。同时，在与客户签订合同过程中，要严格审查合同条款，确保合同内容合法、合规。

内部沟通：加强销售团队内部沟通与协作，避免因沟通不畅而引起的内耗和误解。同时，及时向上级领导汇报工作进展和遇到的问题，寻求支持和指导。

培训效果：针对不同岗位的销售人员制订完善的培训计划，确保培训效果符合预期。同时，鼓励销售人员自我提升和学习分享，提高整个团队的综合素质和业务能力。

### 4.1.3 生成职场话术

生成职场话术是指根据特定的场景和目的，自动生成符合职场规范和惯用语的表达方式。该功能可以帮助职场人士更好地掌握职场交流的技巧和规范，提高职业素养和沟通能力。例如，文心一言可以根据不同的场景生成寒暄问候语、开场白、结束语、感谢语、邀约回复语等常见的职场话术，还可以针对不同的行业和职业领域生成相应的职场话术模板，方便用户在工作中快速调用。

Q 请撰写一段风格严肃的话来向直属领导描述公司新引进的环境污染处理系统，注意，你需要结合受众的特征来组织语言。

A 尊敬的领导，我写信给您以向您介绍我们公司最新引进的环境污染处理系统。这套系统将为我们解决长期存在的环境污染问题提供前所未有的解决方案。

该系统采用了先进的技术，包括高效过滤器和生物传感器等，可以将污染物转化为无害物质。此外，它的自动化程度高，可以大大减少人工操作和成本，同时提高处理效率。该系统的引入将极大地改善我们公司的环境形象，并且符合我们公司对环境保护的承诺。

我期待着您能安排时间来了解这套新系统，并考虑在我们的公司实施它，以使我们的工作更加环保和高效。谢谢您抽出宝贵的时间阅读这封信。

Q 请撰写一段公司聚会上，老板为激励公司员工认真工作而讲的一段话。

A 尊敬的各位同事们，晚上好！

首先，我要感谢大家抽出宝贵的时间来参加我们一年一度的公司聚会。我知道，大家都是为了工作和家庭，为了我们共同的目标付出了辛勤的汗水。你们的付出，是我们公司能够成功的关键。

今天，我希望大家放松一下，尽情享受这个美好的夜晚。但同时，我也想对大家说，我们的工作，我们的未来，需要我们持续地付出，持续地努力。

我们公司的使命是为客户提供优质的产品和服务，为社会创造更大的价值。在这个过程中，我们每一个人都是不可或缺的一员。我们需要共同努力，共同进步，共同实现我们的梦想。

我要告诉大家，我们的路还很长，我们的目标也很大。我们需要在未来的一年中，继续保持我们的热情和专注，继续提高我们的效率和质量，继续创新和发展。只有这样，我们才能够在这个竞争激烈的市场中立足，才能够实现我们的目标和理想。

我相信，在座的每一个人都是最棒的，都有无限的潜力和可能性。只要我们坚定信心，坚持不懈，我们就一定能够创造出更加美好的未来。

最后，我想再次感谢大家过去一年的辛勤付出和努力。让我们携手共进，再创辉煌！谢谢大家！

### 4.1.4 生成日报

生成日报功能旨在帮助用户整理和总结一天的工作成果，并规划次日的工作。通过该功能，用户可以记录每天要完成的工作任务、工作进展、遇到的问题及解决方案等信息，以便更好地管理自己的工作进度和效率。

在使用生成日报功能时，用户需要先记录下当天完成的工作任务和工作进展，并根据实际情况填写工作任务完成情况表和问题解决方案表等表格。同时，用户还可以添加相关文件或链接，以便更好地记录工作内容和细节。

Q 请你根据我的工作产出为我生成一份日报。要求突出我的工作成果并为我制订明日工作计划。我的主要工作产出是拜访了3位高潜客户，同其中1位客户签订了价值10万元的意向合同。

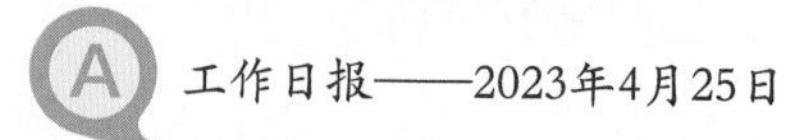

工作日报——2023年4月25日

工作总结

今日我成功地完成了以下工作：

拜访了3位高潜力的客户，了解他们的需求和对我公司产品或服务的反馈。

与其中一位客户签订了价值10万元的意向合同。

在与客户交流中，我获得了许多宝贵的信息，例如客户对我公司产品或服务的需求和反馈，以及他们对市场趋势的看法。这些信息将有助于我更好地了解客户需求和市场变化，从而调整销售策略。

尽管成功签订了意向合同，但在与客户的交流中，我注意到他们对售后服务方面的需求更高。因此，我需要进一步完善售后服务，以满足客户的需求。

明天的工作计划

明天我将继续完成以下任务：

整理客户反馈，分析市场需求和竞争情况，以更好地了解客户需求和市场变化。

与客户保持联系，了解其进一步的需求和关注点，并探讨如何更好地满足其需求。

与售后服务团队紧密合作，完善售后服务流程，提高客户满意度。

此外，我还将根据以下优先级安排任务。

高：完善售后服务流程，提高客户满意度。

中：分析市场需求和竞争情况，以更好地了解客户需求和市场变化。

低：与意向客户保持联系，了解其进一步的需求和关注点。

请注意，以上工作计划仅为示例，实际执行过程中可能需要根据实际情况进行调整和优化。

## 4.1.5 制定公司规章制度

制定公司规章制度是指根据公司实际情况和业务需要，建立一套符合法律法规、适应公司发展的管理制度和规章。这些规章制度包括员工管理、行政管理、财务管理、采购管理、销售管理等方面，可确保公司内部的正常运转和规范操作。

作为一个人工智能语言模型，文心一言可以根据公司的实际情况和需求，提供相应的规章制度制定服务。具体来说，文心一言可以完成以下事情。

（1）协助公司领导层规划规章制度的整体框架，明确规章制度的制定目的、制定原则和适用范围。

（2）针对公司的具体情况，提供针对各种规章制度的具体内容和条款的建议。

（3）根据公司的实际需要，进行规章制度的修订和完善工作，以确保规章制度的有效性和可操作性。

（4）协助公司领导层在规章制度实施过程中及时发现问题并进行调整和完善，以确保规章制度的顺利实施和管理效果的优化。

请为一家互联网公司制定差旅费用管理规则。

差旅费用管理规则

第一章 目的和适用范围

本规则旨在明确一家互联网公司差旅费用的管理原则，以规范公司差旅行为、节约差旅费用，并确保员工在出差过程中能够得到适当的支持和保障。本规则适用于公司内部所有员工，以及与公司有业务往来的合作伙伴。

第二章 差旅方式选择

公司认可的差旅方式包括但不限于飞机、火车、汽车和步行等。员工在选择差旅方式时，应根据工作需要和行程安排进行选择，同时需遵循经济、高效、安全的原则。如有特殊情况需使用其他交通方式，需提前向主管请示并得到批准。

第三章 住宿管理

员工出差时应根据公司规定的住宿标准选择住宿场所。住宿预订应通过公司指定的预订平台进行，以保证预订质量和成本控制。员工入住时应遵守酒店、客栈或其他住宿场所的规定，保持环境整洁，爱护公共设施。

第四章 交通管理

员工出差时应采用公司规定的交通工具出行。如因工作需要必须使用私家车，需提前报备并经主管审批。在使用公共交通工具时，应遵守交通规则，注意人身安全。驾驶员在行车过程中应遵守职业道德和法律法规，确保行车安全。

第五章 费用结算与报销

差旅费用应按照公司规定的费用标准进行结算。一般情况下，员工出差结束后的7个工作日内，需将相关费用单据整理好并提交给财务部门进行审核与报销。如有特殊情况需延长报销周期，需提前向主管请示并得到批准。

第六章 其他规定

在差旅过程中，员工应严格遵守公司的保密规定，不得泄露公司机密信息。如遇纠纷或问题，应按照公司规定的解决方式进行处理，不得私自做出决定。同时，员工应遵守国家的法律法规，注意个人形象和公司形象。

以上是差旅费用管理规则的主要内容，如有其他未尽事宜，员工应及时向主管请示并得到明确答复。在实际操作中，请大家积极配合执行本规则，共同维护公司的利益和形象。

### 4.1.6 办公软件专家

在办公软件领域，文心一言具备专业知识、技能和经验，能够为用户提供相关咨询服务和技术支持。

Q 你是一个办公软件专家，你需要对我给出的问题提供答案或解决方案。注意尽量提供一些示例来帮助我理解。我的问题是Excel中如何去除重复数据？

A 在Excel中去除重复数据可以通过以下步骤完成。

打开Excel并打开你的数据表格。

在Excel的第一个表格中，选择你想要删除的重复列。

在Excel的“数据”菜单中，单击“删除重复项”。

在弹出的对话框中，选择你想要删除的重复列，然后单击“确定”。

这样就可以去除重复数据了。请注意，这样会从你选择的列中删除所有重复的数据，而不会考虑其他列的数据。

示例：

假设你有如下数据表格。

```
1 姓名 | 年龄 | 性别
2 ---- | --- | ----
3 小明 | 20  | 男
4 小红 | 21  | 女
5 小明 | 20  | 男
6 小李 | 22  | 男
```

通过执行上述步骤，你会得到如下结果。

```
1 姓名 | 年龄 | 性别
2 ---- | --- | ----
3 小明 | 20  | 男
4 小红 | 21  | 女
5 小李 | 22  | 男
```

如你所见，重复的“小明”行已被删除。

## Q 怎样把Word 文档里的分页符去掉？

A 去掉Word文档中的分页符，可以按照以下步骤操作：

1. 打开需要删除分页符的Word文档。
2. 按下键盘上的“Ctrl+H”组合键，打开“查找和替换”对话框的“替换”选项卡。
3. 在“查找内容”文本框中输入“^m”（注意，这里使用的是英文小写的m），它代表分页符。

❹ “替换为”文本框中不输入任何内容，表示将分页符替换为空，也就是删除分页符。

❺ 点击“全部替换”按钮，Word将自动查找文档中的所有分页符并将其删除。

另外，也可以直接在文档中手动删除分页符。将光标定位到分页符前面，然后按“Delete”键即可删除。需要注意的是，分页符可能不可见，因此在删除之前需要确认光标确实定位在分页符前面。

请注意，在删除分页符时，要确保不会破坏文档的格式或内容。如果不确定如何操作，建议先备份文档再进行修改。

### 4.1.7 生成调研报告

生成调研报告是指通过调查研究和分析，根据特定目的和要求撰写一份报告，以反映调查结果、研究结论或建议措施。调研报告是一种重要的书面沟通方式，旨在传达研究结果并提供相关见解和建议，以帮助决策者、管理者或其他相关人员做出明智的决策或采取有效的行动。

Q 你是一名新消费领域的专家，请设计一份针对新消费行业的调研方案，要求目的明确、方案合理、问卷可靠。

A 新消费行业调研方案

一、明确调研目的

本次调研旨在深入了解新消费行业的发展趋势、消费者行为变化及品牌竞争力。通过对新消费领域的全面研究，为企业提供制订竞争策略和发展规划的依据，同时为投资者提供决策支持。

二、设计调研方案

调研方法：综合采用量化和质性研究方法，通过收集和分析宏观数据、查询行业报告、专家访谈等方式，对新消费行业进行深入探究。

样本规模和类型：本次调研将覆盖不同地区、不同年龄段、不同收入水平的新消费人群，以确保数据的代表性和可靠性。

调研时间：本次调研计划耗时3个月，包括前期准备，数据收集、整理和分析，以及报告撰写。

可能涉及的变量：调研中可能涉及的变量包括消费者行为、消费习惯、购买意愿、品牌认知度等。

三、制作问卷

问卷长度：问卷主要包括基本信息、消费行为和态度3个部分，总计150题。

题型选择：采用单选、多选、填空等多种题型，确保问卷的灵活性和有效性。

答案选项设置：为保证数据的可读性和可比性，答案选项将采用李克特量表（Likert Scale）进行设置。

四、调查执行

通过线上和线下的方式，如电商平台、社交媒体、问卷链接等途径，对新消费人群进行广泛招募。

与高校合作，组织学生填写问卷，以保证数据收集的效率和效果。

对收集到的数据进行清洗、整理和初步分析，以便进行深入挖掘。

五、报告撰写

文字描述：报告将用简洁明了的语言对新消费行业的现状、发展趋势和消费者行为变化进行描述和分析。

图表分析：报告将通过丰富的图表和数据展示调研结果，以便读者能够更直观地了解新消费行业的各项指标和发展趋势。

结论和建议：基于调研结果，报告将提出针对性的结论和建议，为企业在新消费领域制订竞争策略和发展规划提供依据。

撰写过程：报告将按照调研计划、背景介绍、问题分析、结论与建议等结构进行撰写，以确保逻辑清晰、层次分明。

以上是新消费行业调研方案的基本内容。通过本次调研，我们希望能够为新消费领域的从业者和投资者提供准确可靠的信息，助力企业发展和投资者决策。

### 4.1.8 生成PPT大纲

文心一言的PPT大纲生成功能是一项非常实用的功能，它可以根据用户提供的主题和要求，自动生成PPT的目录、简要介绍、主题分析、重点内容及相关建议。不过这并不是直接创建完整的PPT文件，而是为用户提供了一个结构化的框架和内容建议，详细内容和细节仍然需要用户进行填写和编辑。

Q 现在你需要制作一份PPT，并按照我给出的主题来准备这份PPT的内容。最终你需要生成以下两个部分："目录"——根据我给出的主题撰写PPT目录；"内容"——根据目录中的标题撰写对应的内容大纲。接下来，你需要制作的PPT的主题是人工智能在医疗行业的应用。

目录

❶ 人工智能在医疗行业的应用概述

❷ 人工智能在医疗影像诊断中的应用

❸ 人工智能在疾病预测和预防中的应用

❹ 人工智能在药物研发中的应用

❺ 人工智能在医疗行业中的挑战与机遇

内容

❶ 人工智能在医疗行业的应用概述

· 人工智能的发展及其在医疗行业的现状

· 人工智能在医疗行业中的重要性和必要性

· 人工智能在医疗行业中的未来趋势和展望

❷ 人工智能在医疗影像诊断中的应用

· 医疗影像诊断的现状和挑战

· 人工智能在医疗影像诊断中的技术实现原理

· 人工智能在医疗影像诊断中的案例和应用效果

❸ 人工智能在疾病预测和预防中的应用

· 基于大数据和人工智能的疾病预测模型

· 人工智能在慢性病预防中的应用和案例

· 人工智能在传染病预防中的潜力和挑战

④ 人工智能在药物研发中的应用

· 传统药物研发的流程和挑战

· 人工智能在药物研发中的主要应用方向

· 人工智能辅助药物研发的案例和效果展示

⑤ 人工智能在医疗行业中的挑战与机遇

· 人工智能在医疗行业中面临的挑战和相关对策

· 人工智能给医疗行业带来的机遇

· 未来医疗行业与人工智能的融合及发展趋势

### 4.1.9 AI调色板

AI调色板可以帮助用户更好地管理和使用色彩。色彩的搭配和使用往往需要一定的技巧和经验，而AI调色板则可以为用户提供色彩搭配建议。用户可以输入特定颜色或从图片中提取颜色，然后AI调色板将根据色相、饱和度和明度等参数，推荐可用于搭配的其他颜色，以帮助用户更好地选择和使用色彩。

AI调色板还可以实现色彩转换和迁移。用户可以输入一张图片，然后AI调色板将自动分析其中的色彩，并生成一个相应的调色板，以供用户参考和使用。

Q 我希望你充当一个调色板，请根据我的需求生成对应十六进制的颜色值。我的需求是生成绿色，偏暗。

A 在生成偏暗的绿色调色板时，可以考虑使用以下十六进制颜色值。

· #40a040：暗绿色

· #5f8040：中等暗绿色

· #808040：浅暗绿色

这些颜色在色调上偏暗，但仍保留了绿色的主色调。

Q 我希望你充当一个AI调色板，分析以下这张图中的色彩，并生成一个相应的调色板供我参考。

A 根据您提供的图片信息，以下是一个可能的调色板供您参考。

色彩：这张图片的主要色彩是白色和各种不同的颜色。白色作为背景色，而各种颜色则用于描绘花瓶和花朵。具体而言，花瓶是深蓝色的，而花朵则是各种不同的颜色，包括红色、黄色、橙色、紫色等。这些颜色在白色背景的映衬下显得格外鲜艳。

调色板：以下是一个可能的调色板，其中包含了可以用来描绘花瓶和花朵的各种颜色。

· 花瓶：深蓝色

· 花朵（红色）：红色 + 白色

· 花朵（黄色）：黄色 + 白色

· 花朵（橙色）：橙色 + 白色

· 花朵（紫色）：紫色 + 白色

· 背景：白色

这个调色板只是一个参考，您可以根据实际情况和个人喜好进行调整。

## 4.1.10 写述职报告

写述职报告是一种向上级汇报自己工作表现和成绩的方式，通常是在一个时间段结束之后进行。通过写述职报告，可以对自己过去一段时间的工作进行总结和回顾，发现自己的不足和问题，展示自己的工作成果和业绩，并提出下一步工作计划和目标。

Q 你是一位高级产品经理，请编写一份述职报告，体现NPS提升相关的工作内容，注意内容要全面、简洁、客观、真实、专业。

A 尊敬的领导：

您好！我是高级产品经理，自去年加入公司以来，我一直致力于提升产品的用户体验和客户满意度。在此，我将着重介绍我在提升客户净推荐值（NPS）方面所做的工作。

首先，我想分享一下我对NPS的理解。NPS是一个衡量客户对产品或服务的推荐程度的指标，它反映了客户对产品的满意度和忠诚度。因此，提升NPS是提高公司业绩的关键。

为了提升NPS，我采取了以下措施。

❶ 深入了解客户需求

我与多位客户进行了深入的交流，通过问卷调查和在线访谈的方式，收集客户对产品的反馈意见。这些意见主要涉及产品功能、使用体验、服务等方面。我将这些意见整理和分析，以找出客户真正的需求和期望。

❷ 产品优化

根据客户反馈，我与开发团队合作，对产品进行了一系列的优化。例如，我们增加了一些客户急需的功能，改进了用户界面设计，提高了系统的稳定性和响应速度。此外，我们还针对客户的个性化需求，推出了一些定制化服务。这些优化有效提高了客户的满意度和忠诚度。

❸ 建立完善的客户服务体系

我认识到优质的客户服务对提升NPS至关重要。因此，我建立了一套完善的客户服务体系，包括电话、邮件、在线客服等多种渠道。同时，我加强了对客户服务人员的培训和管理，提高他们的服务质量和效率。通过这些措施，我们能够为客户提供更加及时、专业的服务。

❹ 邀请客户为改进产品提供反馈

为了让客户更深入地参与到产品改进过程中来，我邀请了一些忠实客户参与产品测试和评估。这些客户在试用新产品或新功能后，提供了宝贵的意见和建议。我们积极采纳了这些客户的反馈，对产品进行持续改进。

通过以上措施的实施，我们发现公司的NPS有了显著的提升。

## 4.1.11 生成柱状图和折线图

柱状图主要用于展示分类数据，比如不同产品类别、不同地区等的数据。通过观察矩形的高度，可以直观地了解每一类别的数据大小和它们之间的差距。

折线图通过将数据点按照一定顺序连接起来，形成一条曲线来展示数据的连续变化和发展趋势。折线图主要用于展示时间序列数据，比如某股票价格随时间变化的情况、气温随时间变化的情况等。通过观察折线的起伏变化，可以了解数据随时间变化的规律和趋势，从而更好地把握数据的发展动态。

请用柱状图展示2023年GDP排名前五的中国城市。

以下的图表展示了2023年GDP排名前五的中国城市。

| 城市 | GDP总量（亿元） |
|---|---|
| 重庆 | 27894 |
| 广州 | 28232 |
| 深圳 | 30665 |
| 北京 | 40270 |
| 上海 | 43215 |

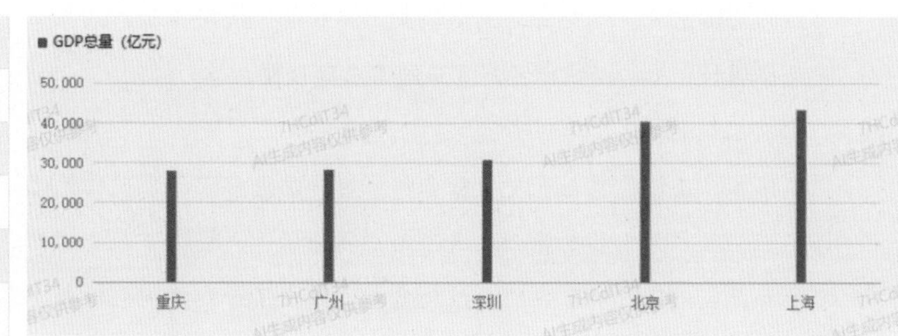


Q 请用折线图展示世界人口增长趋势。

A 以下的图表展示了世界人口增长趋势。

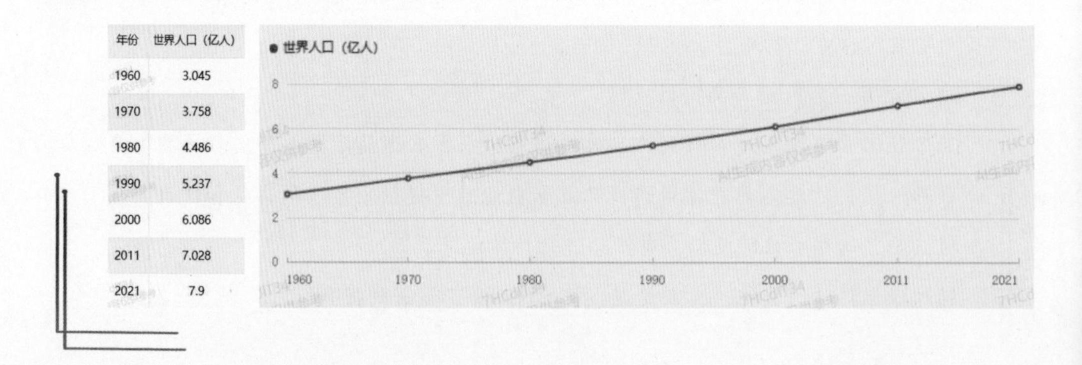

| 年份 | 世界人口（亿人） |
|---|---|
| 1960 | 3.045 |
| 1970 | 3.758 |
| 1980 | 4.486 |
| 1990 | 5.237 |
| 2000 | 6.086 |
| 2011 | 7.028 |
| 2021 | 7.9 |

# 4.2 智能生成营销方案

文心一言具有卓越的自然语言处理能力。企业和个人可以利用文心一言实现自动化营销，提升营销效果和客户体验。以下是利用文心一言实现智能生成营销方案的一些案例。

## 4.2.1 小红书营销方案

小红书营销方案是为了在小红书平台上进行有效的营销推广，提高品牌知名度、促进产品销售而制订的方案。

在制订小红书营销方案时，需要明确目标受众，并根据其兴趣爱好、消费习惯等特征来选择合适的内容形式和制订推广策略，还要合理安排预算。

**（1）确定目标受众：**首先需要了解品牌或产品的目标受众的相关信息，如他们的年龄、性别、兴趣爱好、消费能力等，以便更好地制订营销策略。

**（2）选择内容形式：**小红书上的用户喜欢阅读高质量的笔记，因此选择合适的内容形式非常重要。建议选择与品牌或产品相关的实用的内容形式，如教程分享、心得分享、产品测评等，以吸引用户关注并提高品牌知名度。

**（3）制订推广策略：**制订有效的推广策略是小红书营销的核心。建议使用以下策略。

标签营销：利用小红书的标签功能，将品牌或产品的关键词与热门标签联系起来，以提高品牌或产品的曝光率和用户关注度。

KOL合作：与具有影响力的KOL合作，让他们代言或推荐品牌或产品，以提高品牌或产品的影响力和可信度。

社群营销：在小红书上建立与品牌或产品相关的社群，与用户互动，以提高用户黏性。

**（4）合理安排预算：**营销推广需要一定的预算支持，因此需要合理安排预算，确保营销效果最大化。建议根据实际情况选择合适的预算范围，并制订相应的营销计划。

Q 以“红宝石咖啡馆，纵享每一口丝滑！”为标题写一篇小红书文案。正文部分要包含浓香拿铁、坚果酸奶碗、哥斯达黎加手冲咖啡等产品的简介。文案的每段都用表情进行隔开，文案中要包括店名、地址、产品推荐和环境介绍，至少插入5个表情。

红宝石咖啡馆，纵享每一口丝滑！

浓香拿铁

慵懒的午后，在红宝石咖啡馆的浓香拿铁中，感受每一滴咖啡的香醇。浓郁的咖啡香气与轻柔的奶香相互交融，形成了一杯口感细腻、层次丰富的饮品。让你在繁忙的生活中也能品味到那一份独特的幸福。

坚果酸奶碗

一碗清甜可口的坚果酸奶，让你仿佛回到了童年的快乐时光。红宝石咖啡馆的坚果酸奶碗，选用优质的酸奶和新鲜的坚果，搭配店里特制的果酱，酸甜适中，每一口都让人回味无穷。

哥斯达黎加手冲

哥斯达黎加手冲咖啡，让你领略到咖啡豆的醇厚口感和迷人香气。这款咖啡源自中美洲，以其浓郁的口感和丰富的层次感而备受推崇。在红宝石咖啡馆，你可以享受到这款咖啡豆所带来的独特味觉盛宴，让你的味蕾充分享受咖啡的魅力。

红宝石咖啡馆

地址：市中心商业区88号

红宝石咖啡馆位于市中心商业区繁华的地段，交通便利，环境优雅。店内装潢别致，舒适的沙发、温馨的灯光和友好的服务，让你在这里享受到宾至如归的感觉。

#红宝石咖啡馆 #浓香拿铁 #坚果酸奶碗 #哥斯达黎加手冲 #品味生活 #品味幸福

## 4.2.2 短视频带货脚本

短视频带货脚本是指为拍摄和推广商品而预先编写好的文字内容，它通常包含短视频中的对话、场景描述、动作指导及商品展示的具体要求等。它可以帮助商家或达人在短视频中更好地展示商品的特点、使用方法等，从而吸引观众的注意力，提高转化率。

下面是制作和发布短视频的大概流程。

**（1）明确推广目的：** 商家或达人需要明确自己的推广目的，例如提高商品的知名度、销售额，或者吸引更多人关注。明确推广目的有助于制订更有针对性的推广策略。

**（2）写剧本：** 根据商品的特点和目标受众的需求，编写吸引人的剧本。在剧本中突出商品的特点、优势和使用方法，提高观众对商品的认知度和兴趣。

**（3）拍摄短视频素材：**根据剧本，拍摄所需的短视频素材，注意画面的稳定性、光线和拍摄角度。

**（4）短视频素材剪辑：**对拍摄的短视频素材进行剪辑，去掉不需要的部分，加入背景音乐、字幕、特效等元素，使短视频更具吸引力。

**（5）添加商品链接和购买信息：**在短视频中添加商品链接和购买信息，方便观众直接跳转到购买页面和关注商家或达人账号，从而提高转化率和关注度。

**（6）发布和推广：**将制作好的短视频发布到短视频平台，并通过短视频平台推广工具或社交媒体等渠道进行推广，吸引更多观众关注和购买。

Q 现在你是一位带货博主，你需要根据我给出的商品信息撰写一段直播带货口播文案。你需要放大商品的亮点，激发观众的购买欲。下面是这款商品的信息。

商品名称：度度保温杯。

商品亮点：容量大、保温性能好、便携性强。

A 亲爱的朋友们，大家好！今天我要给大家推荐一款非常实用的保温杯，它的名字就叫作度度保温杯。这款保温杯真的是太神奇了，不仅容量大，而且保温性能超级好，便携性也很强。

首先，让我们来谈谈这款保温杯的大容量。你知道吗？这款杯子容量高达500毫升，无论是出门旅行还是上下班途中，你再也不用担心水不够喝了。

接下来，让我们来看看这款保温杯的保温性能。其采用先进的真空隔热技术，能够保持48小时以上的高温，无论你在哪里，随时都能喝到温度适宜的水。想象一下，在寒冷的冬天里，你拿着这个保温杯，喝上一口热水，那感觉多棒啊！

最后，让我们来看看这款保温杯的便携性。它非常轻巧，携带方便。而且，杯身采用食品级不锈钢材质，不仅安全卫生，还非常耐用。

总结一下，度度保温杯无疑是一款集大容量、良好保温性能和便携性于一体的优质保温杯，无论是自用还是送人，都是非常不错的选择。相信我，你一定会爱上这款保温杯的！赶紧点击直播间下方的购买链接，购买这款实用的保温杯吧！今天的直播间还有特别优惠哦，千万不要错过啦！

### 4.2.3 电销/面销话术

电销/面销话术是指在电话销售或面对面销售过程中，销售人员用来引导顾客购买产品或服务的话术。这些话术可以帮助销售人员更好地与顾客沟通，了解顾客的需求和疑虑，从而更好地推销产品或服务。

以下是一些电销/面销的常用技巧。

**（1）建立良好的客户关系：**在销售过程中，销售人员需要用热情、礼貌、亲切的语言与顾客建立良好的关系。在建立关系时，销售人员应该询问顾客的需求和疑虑，并尽可能了解顾客的基本信息，以便更好地推销产品或服务。

**（2）突出产品的卖点：**在推销产品时，销售人员需要突出产品的特点和优势，以吸引顾客的注意力。如果销售的是一款化妆品，可以突出其独特的成分和效果；如果销售的是一款食品，可以强调其营养价值和口感。

**（3）消除顾客的疑虑：**在销售过程中，顾客可能会对产品或服务产生疑虑。销售人员需要用清晰、简洁的语言，回答顾客的问题并消除顾客的疑虑。如果顾客对价格有疑虑，可以突出产品的性价比；如果顾客对质量有疑虑，可以提供质量保证和说明使用寿命。

**（4）引导顾客购买：**在销售过程中，销售人员需要使用各种技巧来引导顾客购买产品或服务。例如，可以使用促销活动、折扣、礼品等方式吸引顾客购买，也可以通过介绍产品的特点和优势来说服顾客购买，还可以通过询问顾客的需求和疑虑来帮助顾客做出购买决策。

Q 请为青岛海景房销售人员创作销售话术，要求突出产品单价低、物业服务好、风景好的特点，同时需要列出在电销中可能被消费者问到的问题并给出对应的回答话术。

A 您好，欢迎致电青岛海景房销售中心。我们非常荣幸地为您介绍这套独特且物超所值的海景房。

我们的海景房位于美丽的青岛，这里有着无与伦比的景色和温暖宜人的气候。走在沙滩上，您可以欣赏壮丽的海景，感受海风拂面，享受大自然的恩赐。同时，我们的物业团队非常出色，他们会提供全方位的物业服务，确保您的居住体验无比舒适。另外，由于我们的房源数量有限，所以现在购买单价非常低，绝对物超所值。

以下是您可能关心的问题和我们的回答。

问：房屋的位置在哪里？

答：我们的海景房位于青岛市著名的海滨景区，这里有着优美的海滩和宁静的海湾。同时，我们距离市中心只有很短的车程，您可以轻松享受城市生活的便利。

问：物业服务如何？

答：我们的物业团队非常专业和友好，他们可以为您提供日常清洁、维护服务，同时协助您解决任何问题。另外，我们的物业服务还包括24小时安全监控和前台服务，可确保您的居住安全。

问：房屋的设施有哪些？

答：我们的海景房设施齐全，包括全套家具、厨房用具、卫浴设施等。另外，我们还提供高速互联网连接和卫星电视服务，让您在享受美景的同时，也能与世界保持联系。

问：我可以在哪里查看更多图片和视频？

答：我们欢迎您致电我们的销售中心获取更多图片和视频，或者通过我们的官方网站和社交媒体平台了解更多信息。

如果您对房屋感兴趣，我们非常欢迎您前来实地考察。期待您的致电！

祝您有个愉快的周末！

注：以上销售话术仅为示例，具体内容可根据实际情况调整。

### 4.2.4 微商朋友圈文案

微商朋友圈文案通过微信朋友圈平台，向客户展示商品或服务的特点、优势和价值，以吸引客户购买商品或服务。在撰写微商朋友圈文案时，需要运用生动、形象、具体的描述和情感化的表达方式，来激发客户的购买欲望。

好的微商朋友圈文案通常具有以下特点。

**（1）引起注意：**通过创造一个引人入胜的场景或描述一个有趣的事实，引起客户的兴趣和好奇心。

**（2）描述需求：**通过描述客户的需求，突出商品或服务的特点和优势，让客户产生购买的欲望。

**（3）获得信任：**通过展示商品或服务的品质、功效和价值，获得客户的信任。

**（4）呼吁行动：**通过明确的呼吁或引导，让客户采取购买行动或了解更多信息。

为了撰写一篇好的微商朋友圈文案，你需要掌握一些技巧。

**（1）了解目标客户：**了解目标客户的需求、喜好和购买心理，以便更好地展示商品或服务的特点和价值。

**（2）使用情感化的表达方式：**通过使用情感化的语言和描述方式，让客户感受到商品或服务的价值。

**（3）使用简练、具体的文字：**使用简练、具体的文字来展示商品或服务的特点、优势和价值，以便客户更好地了解商品或服务。

**（4）引导客户行动：**通过明确的呼吁或引导，让客户采取购买行动或了解更多信息。

Q 现在你是一名微商，你需要根据我给出的商品信息撰写一条微信朋友圈文案。

下面是这款商品的信息。

商品名称：度度保温杯。

商品亮点：容量大、保温性能好、便携性强。

你需要运用大量优美的辞藻来构建一个引人入胜的场景，以激发客户的购买欲。

注意文案应当尽量简短。

A 在寒风凛冽的冬日，你是否渴望随时随地享受到温热的饮品？度度保温杯，让你无论何时何地都能品尝到温热的美味。

这款保温杯拥有令人惊叹的大容量，可以容纳500毫升的液体，满足你全天的饮水需求。在寒冷的冬天里，它能长时间保持液体的温度，让你喝到温暖可口的饮品。

除此之外，度度保温杯还具有卓越的便携性。它非常轻巧，可以轻松放入背包或手提包中。无论你在办公室、户外还是旅行途中，都能方便地携带这款保温杯。

如果你还在为选择一款实用的保温杯而苦恼，那么度度保温杯一定是你不容错过的选择！立即点击下方链接，购买这款保温杯，让你的冬天更加温暖！

## 4.2.5 广告片文案

广告片综合运用文字、图像、声音等多种手段，旨在向潜在客户展示产品或服务的特点、优势和价值，从而吸引客户的关注，激发他们的购买欲望，并引导他们采取相应的行动。而广告片文案在广告片中具有传达广告的意图、诉求和承诺等多重作用。

以下是广告片文案的一些写作技巧。

**（1）创造吸引力：**通过创造一个引人入胜的场景或表达一个有趣的事实，引起客户的注意和好奇心，例如下面智能扫地机器人广告片文案的开篇。

**（2）突出商品特点：**通过强调商品的特点和优势，让客户感受到其独特性和价值，例如下面广告片文案提到的智能扫地机器人的自主规划清洁路线、智能识别地面环境等特点。

**（3）获得信任：**通过展示品牌信誉、质量保证等元素，获得客户的信任感，例如下面广告片文案中“先进的人工智能技术”“定时定点地完成清扫工作”等表述。

**（4）引导客户行动：**通过明确的呼吁或引导，让客户采取购买行动或了解更多信息，例如下面广告片文案中的“现在在我们的官方网站下单购买”等表述。

Q 请为一款智能扫地机器人产品设计广告片营销文案，要求体现智能控制、省时省力的产品特色。

A 想象一下，家里的地板整洁如新、光滑如镜，而你却闲得无事可做。这一切都归功于我们的智能扫地机器人，它将成为你的生活小助手，让你享受轻松、省心的生活。

这款智能扫地机器人，采用先进的人工智能技术，可以自主规划清洁路线，智能识别地面环境。无论是硬木地板、瓷砖，还是短毛地毯，它都能轻松应对。同时，智能控制系统让机器人能自动避开障碍物，防止卡困，让清扫过程更省心。

除此之外，我们的机器人还拥有自动回充功能。当电量低于20%时，它会自动返回充电座充电，充满电后再继续完成清扫任务。

更重要的是，使用我们的智能扫地机器人，你不再需要花费大量时间和精力去手动清扫。在繁忙的工作和生活中，你可以将清扫任务交给机器人，它会定时定点地完成清扫工作，让你的家时刻保持干净整洁。

体验智能扫地机器人带来的全新生活吧！现在在我们的官方网站下单购买，即可享受智能、省心、轻松的家居生活。让我们的智能扫地机器人成为你家庭的一员，共同开启美好生活！

### 4.2.6 鸡汤文案

鸡汤文案具有情感化特征和激励性质，通常用于推销商品或服务，以激发客户的购买欲望。

以下是鸡汤文案的一些常见特点。

**（1）使用情感化的语言描述商品或服务：**使用情感化的语言和描述方式，让客户感受到温暖，例如下面度度保温杯的文案使用了“温暖的‘小太阳’照亮了你的工作时光”“它像一位贴心的朋友”等描述。

**（2）强调商品或服务的实用性和价值：**通过强调商品或服务的实用性和价值，激发客户的购买欲望，例如下面度度保温杯的文案，强调了其容量大、便携性强等特点，以及保温功能。

**（3）使用激励性的语言和表达方式调动客户的情感：**使用激励性的语言和表达方式，调动客户的情感，让他们产生强烈的购买欲望，例如下面度度保温杯的文案使用了“你还在等什么呢？”等描述。

Q 请使用鸡汤文风格为度度保温杯写一则生动的文案。

A 在这个日新月异的时代，我们总在追求时尚与实用性并存的生活方式。今天，让我们共同见证一款不仅外观精致，而且性能良好的神器——度度保温杯。

想象一下，在寒冷的冬日，你走进办公室，打开抽屉，一轮温暖的“小太阳”照亮了你的工作时光。那就是你的度度保温杯，它像一位贴心的朋友，用温暖和关怀陪伴你度过每一段美好时光。

无论你是驰骋在职场上的白领，还是热爱户外运动的探险家，这款便携性强、容量大的神器都能满足你的饮水需求。它就像一个可以随身携带的小型暖炉，无论你在哪里，它都可以为你提供温暖的饮品。

而这一切，只需要一个链接，一次点击，就能拥有这个神奇的朋友。所以，你还在等什么呢？让我们一起拥抱温暖，迎接这束冬日的阳光吧！

## 4.3 商业投资分析

商业投资分析是指对商业投资项目进行全面的评估和分析，以确定投资的可行性、风险和回报。这种分析需要对市场、技术、财务等多个方面进行深入研究，并综合考虑各种因素。

借用文心一言进行商业投资分析，不仅能够全面了解相关情况，也能获得较为合适的投资方案。

### 4.3.1 PEST分析

PEST分析是指对宏观环境的分析，其中，P代表Political，意为政治；E代表Economical，意为经济；S代表Social，意为社会；T代表Technological，意为技术。在分析一个企业所处的外部环境时，通常需要考虑这四个因素。

文心一言的PEST分析功能可以用于评估企业或项目面临的政治、经济、社会和技术等四个环境因素，以帮助决策者更好地了解商业环境，并制订相应的战略和计划。

Q 你是咨询公司顾问，请帮我针对小草智能音箱进行PEST分析。需要从政治、经济、社会与技术四个维度进行分析，要求尽可能详细，并以数据或文献作为分析依据。

A 作为咨询公司顾问，我从政治、经济、社会与技术四个维度针对小草智能音箱进行分析。

政治维度

在智能音箱市场中，政治因素主要涉及政策、法规及政府对智能音箱行业的态度。近年来，中国政府对于人工智能的发展给予了极大的支持，提出了多项发展规划和政策，鼓励创新和技术研发。此外，政府还出台了一系列针对智能家居产业的政策，推动了智能音箱行业的发展。

经济维度

经济因素在智能音箱市场中扮演着重要角色。随着经济的发展和人们生活水平的提高，智能家居市场呈现出快速增长的态势。智能音箱作为智能家居的重要组成部分，市场规模也在不断扩大。在市场竞争方面，虽然小草智能音箱具有一定的市场份额，但其需要与阿里巴巴、腾讯、小米等公司推出的智能音箱展开竞争。

社会维度

在社会因素方面，智能音箱市场受到用户需求、使用场景、用户体验及品牌影响力等因素的影响。智能音箱的主要使用场景包括家居娱乐等，消费者对智能音箱的音质、响应速度、语音识别精度等方面有较高的要求。

技术维度

在技术因素方面，智能音箱市场的发展受到技术创新、功能创新及竞争格局改变等因素的影响。随着人工智能技术的不断进步，智能音箱的语音识别、语义理解等能力得到了大幅提升，这使用户与机器的交互更加自然流畅。此外，智能音箱的功能也在不断拓展，例如智能家居控制、音视频通话、智能语音翻译等。

基于以上分析结果，我们建议小草智能音箱在以下几个方面进行改进。

1. 加强技术创新和功能创新，提高产品性能和市场竞争力。
2. 提升品牌影响力和口碑，吸引更多消费者关注和购买。
3. 针对消费者需求进行精准营销，提升消费者体验和满意度。
4. 关注政策法规的变化和发展趋势，及时调整经营策略和商业模式。

## 4.3.2 投资分析

投资分析功能是文心一言为投资者提供的一项功能，用于对特定投资项目或目标公司进行深入的分析和评估。这项功能可以帮助投资者了解投资项目的潜在风险和回报，以及目标公司在行业中的竞争地位和未来发展潜力。

具体来说，投资分析包括以下几个方面。

**（1）项目分析：**对投资者感兴趣的项目进行全面的分析和研究，包括项目的背景、市场前景、技术可行性、管理团队及风险评估等方面。

**（2）目标公司分析：**对目标公司进行全面的分析和研究，包括目标公司的历史沿革、业务范围、市场份额、产品和服务、竞争地位、发展战略及财务状况等方面。

**（3）行业分析：**对项目或目标公司所处的行业进行全面的分析和研究，包括行业的发展趋势、市场规模、增长率、主要竞争对手及未来发展方向等方面。

**（4）风险评估：**对项目或目标公司的潜在风险进行全面的评估和分析，包括市场风险、技术风险、财务风险、管理风险等方面。

**（5）投资建议和策略分析：**根据投资者的投资目标和风险偏好，为其提供定制化的投资建议和策略，以帮助投资者制订更加科学合理的投资计划。

Q 现在你是一位资深投资人，请对××××公司进行分析并生成投资分析报告，要求包含财务状况分析、行业状况分析、公司估值分析。其中在财务状况分析部分，你需要从资产质量、成长性、收益性等方面切入。此外，你需要结合权威机构发布的数据，并确保内容翔实、有层次。

投资分析报告：对××××公司的全面评估

一、公司概述

××××公司通过其卓越的产品和服务，在全球市场中占据了重要的地位。该公司在过去的几年里，通过持续的研发投入和市场拓展，实现了稳健的增长。

二、财务状况分析

1.资产质量

根据最近公开的财报，我们注意到公司的总资产达到（具体金额），其中流动资产占比（具体比例），非流动资产占比（具体比例）。这些数据表明，该公司的资产流动性较强，这有利于其业务的运营和扩展。

此外，公司的应收账款和存货管理能力较强，这使得该公司的资金流动性得到了显著提升。

2.成长性

在过去的几年里，随着收入的增加，公司的总资产和净利润都呈现出明显的增长趋势。具体来说，公司的年复合增长率（CAGR）达到了（具体增长率），这表明该公司的业务增长稳健且持续。

3.收益性

从最近一年的财报来看，公司的毛利率和净利率分别为（具体毛利率）和（净利率），这些数据均高于行业平均水平，表明该公司在运营效率和管理能力上具有显著优势。

三、行业状况分析

公司所处的行业是一个处于高速发展阶段的领域，具有巨大的潜力。根据权威机构的预测，该行业的市场规模在未来五年将以（具体增长率）的速度增长。

四、公司估值分析

根据现金流折现法对公司进行估值，我们可以看到，该公司的企业价值为（具体企业价值）。这一数据表明，该公司在未来保持当前增长速度的情况下，有望为投资者带来可观的投资回报。

总结来说，通过对该公司的财务状况、行业状况和公司估值的分析，我们可以看到该公司在所处行业中具有显著的优势和较大的增长潜力。我们看好其未来的发展前景，并认为这可能是一个有价值的投资机会。然而，投资者在做出投资决策时，还需要全面考虑其他相关因素，以确保投资决策的正确性。

### 4.3.3 SWOT分析

SWOT分析即基于内外部竞争环境和竞争条件下的态势分析，就是将与研究对象密切相关的各种主要内部优势、劣势和外部的机会和威胁等，通过调查列举出来，并依照矩阵形式排列，然后用系统分析的思想，把各种因素相互匹配起来加以分析，从中得出一系列相应的结论，而结论通常带有一定的决策性。运用这种方法，可以对研究对象所处的情景进行全面、系统、准确的研究，从而根据研究结果制订相应的发展战略、计划及对策等。

请对减脂餐进行SWOT分析，要求结合数据且内容全面。

减脂餐的SWOT分析

减脂餐，或称减肥餐，是一种用于帮助人们减轻体重或减少体内脂肪的饮食方式。下面是对减脂餐的SWOT分析，包括对其优势（Strengths）和劣势（Weaknesses），以及其面临的机会（Opportunities）和威胁（Threats）的分析。

**优势（Strengths）**

1. 效果明显：减脂餐通常由营养师根据科学原理精心设计，能提供明确的卡路里和营养成分，帮助人们有效地减少脂肪。
2. 控制卡路里摄入：减脂餐的卡路里通常比普通饮食低，可以帮助人们控制每天的热量摄入。
3. 提供必要的营养：减脂餐包含了身体需要的各种营养成分，如蛋白质、脂肪、碳水化合物、维生素和矿物质，能保证身体在减少热量摄入的同时得到充分的营养。

**劣势（Weaknesses）**

1. 口味可能较差：由于减脂餐的卡路里含量较低，其口味可能不如一些高热量、高脂肪的食物。

❷ 难以长期使用：减脂餐通常需要较长时间使用才能产生明显的效果，一些人可能会因为缺乏恒心而放弃。

❸ 可能导致营养不均衡：一些减脂餐可能过于强调某些营养成分，而忽略了其他营养成分的摄入，长期使用可能导致营养不均衡。

**机会（Opportunities）**

❶ 健康意识的提高：随着人们对健康的重视程度不断提高，越来越多的人开始关注自己的饮食习惯和健康饮食。

❷ 市场需求大：由于肥胖人群的增加，市场对减脂餐的需求也在不断增加。

❸ 技术进步：随着现代营养学和食品加工技术的发展，减脂餐的口感、多样性和营养成分都有了很大的改善。

**威胁（Threats）**

❶ 安全性问题：一些减脂餐可能存在食品安全问题，如添加违禁成分、不卫生等。

❷ 反弹效应：一些人在停止使用减脂餐后可能会出现体重反弹的情况。

❸ 市场竞争：市场上存在众多的减脂餐品牌和产品，竞争激烈可能导致价格战和减脂餐品质下降。

综上所述，减脂餐具有明显的优势和机会，但同时也存在一些劣势和威胁。在选择和使用减脂餐时，消费者应该结合自身情况和需求，选择正规品牌和产品，遵循营养师的建议，并在使用过程中注意安全和长期效益。

### 4.3.4 4P营销分析

4P营销分析是市场营销策略的关键组成部分，包括产品（Product）、价格（Price）、促销（Promotion）和渠道（Place）这4个要素。

请你对度度智能音箱进行4P营销分析，要求尽可能详细。

对度度智能音箱进行4P营销分析。

一、产品（Product）

度度智能音箱作为一款智能家居设备，其特点主要体现在以下几个方面。

❶ 音质：音质是消费者购买智能音箱时主要考虑的因素之一。度度智能音箱具有高保真音质，能够提供清晰、稳定的声音表现，满足消费者对于听音乐、播客等音频内容的需求。

❷ 智能化：度度智能音箱拥有丰富的智能化功能，如语音助手、智能家居控制、音视频通话等。这些功能使得消费者可以通过语音指令来完成各种操作，提升生活便利性。

❸ 设计风格：度度智能音箱的设计风格简约大方，适合各种家居环境；同时，其外观采用优质材料，触感舒适，可提升消费者的使用体验。

❹ 附加服务：度度智能音箱提供了丰富的附加服务，如各类互联网电台、新闻资讯、天气预报等，使得消费者在使用过程中能够获得更多的便利和乐趣。

二、价格（Price）

度度智能音箱的定价为199元，相较于其他同类产品的价格而言，具备一定的竞争力。消费者在购买时，会综合考虑产品的性能、品质及价格等多方面的因素。度度智能音箱通过提供良好的性能和音质，以及丰富的附加服务，使得消费者认为其物有所值。

……

### 4.3.5 波士顿7S分析

波士顿7S分析是麦肯锡公司推出的一种组织诊断工具，要求企业在发展过程中必须全面地考虑各方面的情况，包括结构、制度、风格、员工、技能、战略、共同的价值观。

请对度度保温杯进行波士顿7S分析，要求内容全面且详细。

波士顿7S分析：度度保温杯

一、战略（Strategy）

度度保温杯的战略定位是成为高品质、环保、智能化的保温杯市场领导者。该品牌致力于通过创新技术和独特设计，为消费者提供最佳的饮水体验。具体来说，度度保温杯的战略包括以下几个方面。

❶ 品质优先：注重材料选择和工艺控制，以确保产品的长期耐用性和使用价值。

❷ 环保理念：采用环保材料和节能技术，减少对环境的负面影响。

❸ 智能化设计：将智能化元素融入产品设计和功能中，如温度显示、智能保温等，以满足现代消费者的需求。

❹ 创新研发：不断研发和应用新材料，以提升产品的性能和品质。

❺ 市场扩展：通过线上和线下多渠道销售策略，拓展国内外市场。

二、结构（Structure）

度度保温杯的组织结构以适应快速变化的市场环境和提升运营效率为目标，包括以下几个部分。

❶ 研发部门：负责新产品的设计和开发，以及材料和工艺的研究与改进。

❷ 生产部门：负责产品制造和质量控制，追求高品质和高效的生产。

❸ 销售部门：负责市场拓展和渠道建设，以及客户服务。

❹ 运营部门：负责供应链管理和企业资源规划，以确保企业整体运营的顺畅。

❺ 品牌管理部门：负责品牌形象塑造和市场宣传，提升品牌知名度和影响力。

三、制度（Systems）

度度保温杯注重制度建设，以确保运营的规范性和可持续性。该公司的制度包括以下几个方面。

❶ 质量管理制度：通过严格的质量控制流程，确保产品的一致性和可靠性。

❷ 安全生产制度：制定安全生产规范和操作规程，保障员工和企业的安全。

❸ 知识产权保护制度：通过申请专利、商标等方式，保护企业的创新成果和知识产权。

❹ 环境保护制度：采取环保措施和节能政策，减少对环境的负面影响。

❺ 员工培训制度：为员工提供培训和发展机会，提升员工的综合素质和工作能力。

……

### 4.3.6 产业顾问

产业顾问主要是指为企业在运营或扩张过程中提供策略制订、管理等方面的专业咨询服务的专家。

产业顾问通常需要具备深厚的行业经验，能够深入了解特定领域的市场状况、竞争态势、技术趋势等，同时也需要具备较强的沟通、协调、分析和解决问题的能力，以帮助企业解决在运营或扩张过程中遇到的各种问题。

作为一种人工智能语言模型，文心一言可以为企业提供各种与数字化转型、市场营销、人力资源、财务管理等方面相关的咨询服务。文心一言虽然并不是真正的人类顾问，但可以通过分析和研究大量数据、案例和专业知识，提供可靠的建议和解决方案，帮助企业实现可持续发展。

现在你是咨询公司的一名专业顾问，你需要先列出你搜集到的权威机构数据及报告，然后结合专业思路来解答我有关产业发展的问题。我的问题是元宇宙的项目盈利模式是什么？

一、权威机构数据及报告

国际数据公司（IDC）预测，到2025年，全球元宇宙市场规模将达到327亿美元，从2020年到2025年，年复合增长率为39.4%。

市场研究公司Gartner预测，到2027年，全球超过25%的人口将进入元宇宙；到2031年，元宇宙将创造3.3万亿美元的商业价值。

二、元宇宙项目盈利模式

元宇宙项目的盈利模式主要包括以下几个方面。

AR/VR硬件销售：元宇宙的入口是AR/VR设备，因此销售AR/VR设备是元宇宙项目的主要盈利方式之一。随着技术的进步，AR/VR设备的价格逐渐降低，销售量也将逐步提升。

游戏和娱乐：元宇宙可以提供沉浸式的游戏和娱乐体验，因此游戏和娱乐也是元宇宙项目的重要盈利来源。在元宇宙中，游戏和娱乐内容的制作和发行成本更低，同时交互体验也更多。

广告：元宇宙中的广告也将不同于传统广告。在元宇宙中，广告包括虚拟现实广告、增强现实广告、数字广告等多种类型。广告商可以在元宇宙中设置自己的虚拟形象，以此来进行品牌推广和营销。

数字资产交易：元宇宙中的数字资产包括虚拟货币、虚拟商品、虚拟地产等。这些数字资产可以在元宇宙中进行交易，从而为元宇宙项目带来收益。

知识产权管理：在元宇宙中，知识产权管理方式也将不同于传统方式。在元宇宙中，知识产权可以被更加有效地管理和保护，从而为元宇宙项目带来更多的收益。

社交和会议：元宇宙可以提供沉浸式的社交和会议体验。在元宇宙中，人们可以通过虚拟现实技术进行社交和举行会议，从而为元宇宙项目带来更多的收益。

教育：在元宇宙中，通过虚拟现实技术，教育机构可以提供更加生动、形象的教学内容，从而提高教学质量和效果。

总的来说，元宇宙项目的盈利模式非常多样化，未来将会有更多的突破。同时，由于元宇宙项目还处于发展初期，其盈利模式还需要不断地探索和实践。

## 4.4　产品取名小能手

利用文心一言高效地为产品取名可以节省时间并激发创意。以下是一些建议和注意事项。

**（1）确定产品特点。**首先了解产品的功能、用途、目标市场和卖点，以便为其生成一个相关且有吸引力的名称。

**（2）提供关键词。**向文心一言提供与产品相关的关键词，以便生成更具针对性的名称。

**（3）保持简洁。**好的产品名称应简洁易懂，易于发音和记忆。

**（4）具有独特性。**确保生成的产品名称具有独特性，避免与其他已知品牌名称或产品名称混淆。

**（5）具有创意。**尝试将不同的关键词、概念或元素结合，以生成独特且引人注目的产品名称。

**（6）避免负面含义。**选择产品名称时，避免可能引起负面联想或误解的词汇。

**（7）多次尝试。**尝试多次生成产品名称，从中挑选最符合产品特点和市场定位的名称。

Q 我正在开发一款智能手环，它主要用来监测用户的健康状况和跟踪运动数据。我希望这个产品的名字能够体现出它的智能化、健康监测和运动跟踪的特点，同时也需要易于记忆和发音，能够吸引消费者的注意。你能帮我提供一些创意或建议吗？

A 了解您的需求后，针对这款主打健康监测和运动跟踪功能的智能手环，我为您提供了以下几个创意名称建议：

❶ 智康环踪：结合了“智能”、“健康”和“追踪”三个关键词，直观地表达了产品的核心功能。

❷ 康动智圈：“康动”寓意健康与运动，“智圈”则暗示智能技术的环绕，整体传达出智能与健康运动的结合。

❸ 悦动智护：“悦动”代表愉快的运动体验，“智护”则指智能保护用户的健康，易于记忆且积极正面。

❹ 智行康伴：“智行”意味着智能的伴随，“康伴”则强调健康伴侣的角色，适合追求健康生活方式的消费者。

❺ 健智环影：“健智”结合了健康和智能的概念，“环影”则暗示手环如影随形地记录用户的健康和运动数据。

## 4.5 求职招聘信息一键生成

当今社会竞争激烈，求职者和企业都面临着不小的挑战。文心一言作为一个先进的自然语言处理模型，具有卓越的语言理解和生成能力，可以为求职者和企业提供有力支持。对于求职者来说，文心一言可以协助撰写简历、提供自我介绍模板和面试技巧，从而提高个人的竞争力和面试成功率；对于企业来说，文心一言可以辅助制订招聘计划、策略和设置面试问题，并通过分析候选人的简历和面试表现，实现智能化人才推荐。

### 4.5.1 生成招聘信息

文心一言通过自然语言处理技术，能够理解和分析企业的招聘信息，包括所需的职位、职位描述、工作地点、薪资等。基于这些信息，文心一言可以自动生成招聘公告，这就大大提高了招聘信息的发布效率，节省了企业的时间和精力。

Q 请根据我给出的企业所在行业、岗位类型、岗位目标等信息，为企业撰写招聘公告。以下是我给出的信息：企业所在行业是电商，岗位类型是资深跨境电商运营，岗位目标是负责公司英国市场拓展等。请注意招聘公告需要包含岗位职责、岗位要求。

A 招聘公告：资深跨境电商运营。

公司简介：我们是一家专注于电商领域的公司，致力于为全球消费者提供高质量的商品和服务。公司目前正在拓展英国市场，急需富有经验的跨境电商运营专业人才。

一、岗位职责

负责公司英国市场拓展，制订并执行跨境电商运营策略；

负责公司在英国市场的营销活动，提高品牌知名度和用户黏性；

负责与供应商、物流公司等合作伙伴进行对接，优化供应链和物流体系；

分析市场趋势和用户需求，调整产品策略和营销策略，提高销售业绩；

管理和培训团队，提高团队整体运营水平。

二、岗位要求

本科及以上学历，电子商务、市场营销等相关专业优先；

三年以上跨境电商运营经验，熟悉英国市场和消费者行为的优先；

具备较强的战略规划、运营分析和团队管理能力；

具备良好的英语听说读写能力，能够与外籍同事和用户顺畅沟通；

熟悉跨境电商运营的各个环节，包括产品采购、仓储物流、营销推广等；

具备敏锐的市场洞察力和创新能力，能够快速响应市场变化。

我们提供具有竞争力的薪资和福利待遇，以及良好的职业发展机会。如果您对此岗位感兴趣，请将简历发送至我们的招聘邮箱。我们期待着您的加入！

### 4.5.2 生成面试问题

借助文心一言生成面试问题，可以帮助面试者更好地准备面试。以下是一些建议。

**（1）明确职位和行业。**需要了解应聘的职位和公司所在行业，这样才能生成针对性强的面试问题。

**（2）生成通用面试问题。**利用文心一言生成一些通用的面试问题，这些问题通常适用于任何职位和行业。例如，可以生成下面这些问题。

请介绍一下你自己。

你为什么对这个职位感兴趣？

你在这个行业中取得过什么傲人的成绩吗？

**（3）生成职位相关问题。**根据目标职位和行业生成具体的面试问题。例如，如果应聘的是软件工程师职位，可以生成下面这些问题。

请描述你在软件开发过程中所遵循的开发原则和采用的开发方法。

你如何进行代码审查以确保代码质量？

请介绍一下你最熟悉的编程语言和框架。

**（4）生成行为面试问题。**行为面试问题可以帮助面试官了解面试者的工作经验和应对不同情况的能力。例如，可以生成下面这些问题。

请描述一个你成功解决团队冲突的例子。

当你的工作进度落后于计划时，你是如何应对的？

请分享一段你在项目中发挥关键作用的经历。

**（5）自定义问题。**根据面试者的简历和经历，生成一些个性化的问题。例如，可以生成下面这些问题。

在你的简历中，你提到一个关于×××的项目，请谈谈这个项目的核心挑战和你的贡献。

你在上一家公司负责过一款重要的产品的发布，请谈谈这段经历给你带来了什么。

**（6）生成开放式问题。**开放式问题可以让面试者展示其思考方式和沟通能力。例如，可以生成下面这些问题。

你如何看待未来5年技术行业的发展趋势？

请你向现有团队推荐一个改进方案。

## 4.5.3 生成自我介绍

文心一言可以根据用户输入的信息，使用自然语言处理技术自动生成符合规范的自我介绍。

文心一言首先会对用户输入的信息进行分析，包括对用户的教育背景、职业经历、技能特长等进行分析，然后根据分析结果，采用标准的文本格式和规范的语言，自动生成结构清晰、表达准确的自我介绍。

Q 请为我设计一段1分钟左右的针对产品经理岗位面试的自我介绍。要求语言连贯通顺，突出个人亮点，体现专业性，让人眼前一亮。你需要结合以下信息来生成这段自我介绍。

教育背景：北师大工商管理专业硕士毕业。

工作经历：曾担任互联网大厂高级产品经理，拥有五年工作经验，曾从0到1设计过一款本地生活App的产品方案。

个人亮点：数据分析能力强，会Python、SQL、Visio和Axure。

A 尊敬的面试官，您好！我是北师大工商管理专业硕士毕业的张华。在过去的五年里，我在互联网大厂担任高级产品经理，专注于本地生活领域的产品设计和管理。在我的职业生涯中，我主导并成功推出了一款本地生活App，从需求调研、产品设计和开发到上线运营，我参与并见证了整个过程。我擅长通过数据分析驱动产品优化和迭代，以用户为中心，持续提升用户体验和产品的商业价值。

我的核心竞争力在于较强的数据分析能力和深厚的技术功底。我能够熟练使用Python和SQL进行数据分析和处理，从而快速挖掘出有价值的产品优化点。同时，我还熟悉Visio和Axure等工具，能够通过原型设计直观地展示产品方案，与设计、技术团队紧密协作。

在工作中，我注重团队协作，善于沟通，能够迅速融入团队并带领团队取得成果。此外，我还热衷于不断学习新技术和知识，以适应快速变化的市场环境。

非常感谢您给我这次面试的机会，我相信我的专业能力和经验能够为公司带来更多的价值。期待有机会加入贵公司！

### 4.5.4 模拟面试官

模拟面试官功能是文心一言提供的一项非常实用的功能，它可以帮助求职者更好地了解和准备面试。

用户可以输入自己应聘的岗位、公司等信息，然后文心一言会模拟面试官对用户进行提问。用户可以根据自己的实际情况进行回答，并可以反复练习以提高自己的面试能力。

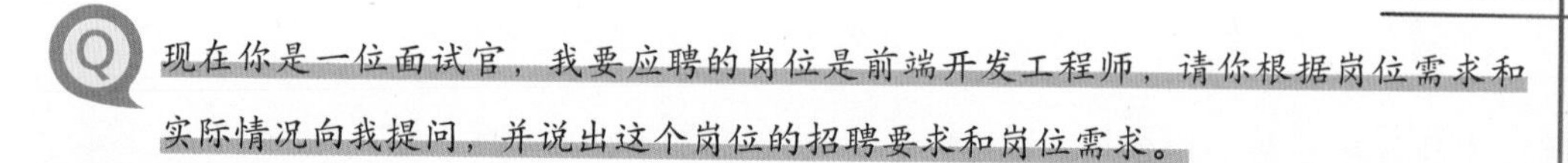

现在你是一位面试官，我要应聘的岗位是前端开发工程师，请你根据岗位需求和实际情况向我提问，并说出这个岗位的招聘要求和岗位需求。

好的，作为一名面试官，我会根据前端开发工程师岗位的需求和实际情况向你提出相关问题。以下是我可能向你提出的一些问题。

❶ 请你简单地介绍一下自己，包括你的教育背景和相关工作经验。

❷ 前端开发工程师需要掌握哪些基本技能和知识？你如何评价自己在这些方面的能力？

❸ 请简要介绍一下你曾经开发过的某个前端项目，包括项目背景、目的、技术栈、实现过程及最终的成果。

❹ 在开发前端应用时，你如何保证用户体验和性能优化？

❺ 你如何处理前端与后端的接口对接问题？你使用过哪些接口测试工具？

……

作为一名前端开发工程师，你需要满足以下要求。

岗位要求：

本科及以上学历，计算机相关专业优先；

2年及以上前端开发工作经验；

熟练掌握HTML5、CSS3、JavaScript等前端基础知识；

熟悉常用的前端框架和库，例如React、Vue、Angular等；

熟练使用Git等版本控制工具；

具备良好的沟通能力和团队协作精神；

对前端技术保持热情，有较强的学习能力和创新意识。

岗位职责：

负责公司网站和Web应用的前端开发，实现页面交互效果和用户体验优化；

与后端开发团队紧密配合，实现前后端数据交互和接口对接；

对代码性能和页面性能进行优化，提升网站和应用的性能和响应速度；

参与前端技术选型和规划，以及前端工程化和组件化开发；

协助团队完成其他前端相关任务。

### 4.5.5 撰写求职信

撰写求职信是指帮助用户根据其个人经历、技能和兴趣，撰写一封有针对性的求职信。撰写求职信的目的是让招聘方注意并考虑用户的申请，让用户展示自己的优势和能力，以及表达对目标职位的热情。

Q 请为一名即将毕业的会计学专业大学生撰写一封求职信，要求内容包含教育背景、擅长技能、求职岗位、自我评价。

A 尊敬的招聘负责人：

您好！我是一名即将毕业的会计学专业大学生，非常荣幸有机会向贵公司提交我的求职申请。在此，我想向您介绍我的教育背景和技能，并阐述我对贵公司所招聘岗位的理解和自我评价。

我在大学期间就读于国内某著名财经大学会计学专业。在四年的学习过程中，我通过系统的课程学习和实践经验积累，具备了扎实的专业基础和丰富的实践经验。我熟练掌握了财务分析、财务管理、审计和税务等方面的专业知识，同时也具备了熟练的Microsoft Office办公软件操作技能和良好的团队协作能力。

作为一名有着积极进取心态的年轻人，我非常注重自我学习和提升。我关注会计行业的最新动态和变化，不断丰富自己的知识和技能。此外，我也积极参加各种实习和社团活动，通过实践进一步锻炼了自己的能力。

我对贵公司招聘的会计岗位非常感兴趣。作为一名有着实际操作经验的会计学专业学生，我相信自己凭借专业知识和实践能力能够为贵公司做出积极的贡献。我也非常愿意通过不断努力学习和发展，适应贵公司的需求并为贵公司的发展做出贡献。

在自我评价方面，我认为自己具备了扎实的专业基础和丰富的实践经验，同时有着良好的沟通能力和团队协作精神。我热爱自己的专业并且对未来充满热情和期待，希望能够通过不断努力实现个人价值并为公司的发展做出贡献。

非常感谢您抽出宝贵的时间阅读我的求职信。我期待着能够有机会参加贵公司的面试，与您进一步探讨我的教育背景和技能是否符合贵公司的需求。再次感谢您的关注与支持！

此致

敬礼！

你的名字

### 4.5.6 根据招聘信息优化简历

根据招聘信息优化简历是指帮助用户根据目标职位的招聘要求和需求，对个人简历进行有针对性的修改和优化。这项功能的目的是让用户的简历更符合目标职位的要求，突出与目标职位相关的经历和能力，从而增大被选中的概率。

请结合岗位信息对我的简历提出修改建议，要求突出简历中与岗位要求相关的亮点内容。

下面是你需要结合的岗位信息：（1）具有本科及以上学历，广告、文学、影视设计相关专业毕业；（2）有两年以上影视公司相关职位的工作经历，有成功的项目创意文案案例；（3）写作文字流畅、语言流利，逻辑思维与归纳整理能力出众；（4）创意设计基础过硬，具有一定的审美能力与艺术水准。

你需要修改的简历信息如下。

（教育背景）学校：某传媒大学。

专业：工商管理。

受教育程度：本科。

亮眼经历：（1）获得过校级一等奖学金，多次获得“三好学生”称号；（2）参加学院广告创意比赛，以团队核心成员的身份带领团队获得二等奖；（3）通过英语六级考试，具备良好的英文读写能力；（4）参加校级志愿者服务活动，累计服务时长达50小时。

（工作经历）公司：金文案公司。

职位：文案编辑。

工作时间：3个月。

工作内容：（1）参与公司影视项目的文案编辑工作，负责创意文案的撰写和整理；（2）协助团队完成多个重要项目的文案策划和制作，确保项目按时交付；（3）通过与客户的沟通，能够准确把握客户需求，提升自身的沟通协调和问题解决能力；（4）负责团队成员的工作安排和协调，提高团队协作能力。

个人技能：（1）具备较强的文字表达能力和语言沟通能力，能够快速理解客户需求并给出合理的解决方案；（2）熟练掌握广告创意设计相关软件（如Photoshop、Illustrator等）的使用方法，能够独立完成简单的设计任务；（3）具备高度的敬业和团队合作精神，有较强的责任心，工作细致负责；（4）思维敏捷，有责任感，能够快速适应新环境；（5）具备良好的审美能力和较高的艺术水准，能够为文案撰写和广告设计提供创意。

根据您提供的岗位信息和简历，以下是一些修改建议，以突出与岗位要求相关的亮点内容。

（教育背景）

学校：某传媒大学。

专业：工商管理。

受教育程度：本科。

亮眼经历：

1. 获得过校级一等奖学金，多次获得“三好学生”称号；
2. 参加学院广告创意比赛，以团队核心成员的身份带领团队获得二等奖；
3. 通过英语六级考试，具备良好的英文读写能力；
4. 参加校级志愿者服务活动，累计服务时长达50小时。

（工作经历）

公司：金文案公司。

职位：文案编辑。

工作时间：3个月。

工作内容：

1. 参与公司多个影视项目的创意文案撰写和整理工作，得到领导和同事的一致好评；
2. 参与公司重大项目决策，为项目成功落地提供关键的策划支持；
3. 与客户保持良好的沟通，能够准确把握客户需求，并将之转化为实际的创意方案；
4. 领导并协调团队工作，确保项目按时交付，提高了团队凝聚力和协作能力。

（个人技能）

1. 具备较强的文字表达能力和语言沟通能力，能够将创意想法转化为流畅的文字表达；
2. 熟练掌握广告创意设计相关软件（如Photoshop、Illustrator等）的使用方法，能够独立完成高质量的设计任务；

③ 具备高度的敬业和团队合作精神，有极强的责任心，工作细致负责；

④ 思维敏捷，有较强的责任感，能够快速适应新环境；

⑤ 具备良好的审美能力和较高艺术水准，能为文案撰写和广告设计提供灵感。

修改后的简历强调了与岗位要求相关的亮点内容，突出了专业背景、工作经历、创意文案撰写能力、团队领导和协调能力等方面的优势。这些亮点内容将有助于突出您的专业能力和实践经验，让您在求职过程中获得更多的机会。

# 4.6 代码编程智能辅助

代码编程智能辅助能够帮助用户更高效地编写和维护代码，具体包括自动代码补全、语法检查、代码建议、错误检测和代码优化等功能。

此外，文心一言还能通过数据分析和自然语言处理等技术，帮助用户更好地理解和应用数据，为用户带来更好的编程体验。

## 4.6.1 代码知识问答

代码知识问答功能是一种交互式功能，旨在解答用户关于代码知识的提问。用户可以提出关于代码的问题，如关于特定代码片段的功能、实现方式、语法问题等。

Q 你是一位IT专家，请回答：在Linux系统中如何查看指定PID端口？

A 在Linux系统中，可以使用netstat命令或ss命令来查看指定进程ID（PID）正在使用的端口。

使用netstat命令的语法如下：

css 复制代码

```css
1  netstat -tuln | grep PID
```

这个命令会列出所有正在监听的TCP和UDP端口，并显示它们对应的进程ID。使用grep过滤出包含指定PID的行。

使用ss命令的语法如下：

```shell
ss -tulpn | grep <PID>
```

这个命令与netstat命令类似，也是列出所有正在监听的TCP和UDP端口，并显示它们对应的进程ID。使用grep过滤出包含指定PID的行。

请注意，为了执行这些命令，您可能需要具有适当的权限，例如root或sudo权限。

## 4.6.2 代码理解

代码理解功能可以用于理解代码，以及对代码进行分析和解释。它可以识别代码的语法结构、变量、函数、类、模块等组件，以及它们之间的关系。此外，该功能还可以识别代码的控制流和数据流，从而帮助用户理解代码的执行过程。

你是资深开发工程师，请逐行分析我的代码并给出你对这段代码的理解。

我给出的代码是：

```
SELECT dt,imei
FROM
（SELECT a.dt,a.imei,FIRST_VALUE（a.timestamp） OVER（PARTITION BY a.imei,a.dt ORDER BY TIMESTAMP ASC） first_time,a.timestamp,actiontype
FROM hdp_kg_zf_splist.ods_dd_tb_app_action a
WHERE a.dtbetween'${date1}' and '${date2}' AND from_unixtime（cast（TIMESTAMP/1000 AS int）,'yyyyMMdd'）=a.dt
```

这段代码是一段SQL查询语句，用于从指定的数据表中检索数据。下面是逐行的解释。

❶ SELECT dt,imei：这一行指定了要查询的结果集中需要包含的列，即'dt'和'imei'这两列。

❷ FROM：这一行开始定义查询的主表。

❸（SELECT a.dt,a.imei,FIRST_VALUE（a.timestamp） OVER（PARTITION BY a.imei,a.dt ORDER BY TIMESTAMP ASC） first_time,a.timestamp,actiontype：这一行开始定义一个子查询，该子查询将从名为'hdp_kg_zf_splist.ods_dd_tb_app_action'的数据表中选择特定的列，并应用一些函数和排序。

❹ FROM hdp_kg_zf_splist.ods_dd_tb_app_action a：这一行指定了子查询的主表，即'hdp_kg_zf_splist.ods_dd_tb_app_action'，并为其指定了别名'a'。

❺ WHERE a.dt between '${date1}' and '${date2}' AND from_unixtime（cast（TIMESTAMP/1000 AS int）,'yyyyMMdd'）=a.dt：这一行定义了子查询的过滤条件，即只选择满足特定日期范围的行，并且'TIMESTAMP'字段的值经过处理后等于'dt'字段的值。

整个查询的目的是从指定的数据表中检索在指定日期范围内的数据，并根据'imei'和'dt'字段进行分组，同时计算每个分组中'timestamp'字段的最小值，并将其命名为'first_time'。最终的结果集将包含'dt'和'imei'字段。

需要注意的是，代码中的${date1}和${date2}是变量，它们应该在执行查询之前被替换为实际的值。另外，代码中的from_unixtime（cast（TIMESTAMP/1000 AS int）,'yyyyMMdd'）=a.dt部分可能存在一些问题，因为在SQL中，函数from_unixtime（）的参数应该是以秒为单位的Unix时间戳，而这里的'TIMESTAMP'字段似乎是以毫秒为单位的，因此需要进行除以1000的操作。但是，这个部分的具体实现可能依赖于实际数据的格式和库函数的行为。

## 4.6.3 测试用例生成

测试用例生成功能可以帮助开发人员快速生成测试用例，提高测试效率，确保代码的正确性和稳定性。

具体而言，测试用例生成功能可以根据开发人员提供的输入和预期输出，自动生成测试用例。它可以检测代码中的边界条件和错误情况，并生成相应的测试用例。此外，测试用例生成功能还可以根据代码中的逻辑和算法，自动生成复杂的测试用例，以覆盖更多的代码路径。

通过测试用例生成功能，开发人员可以更快地测试代码，减少手动编写测试用例的时间和成本，同时提高测试覆盖率和准确性。这有助于确保代码的质量和可靠性，减少潜在的错误和漏洞。

我希望你担任互联网大厂资深测试工程师，根据我给出的PRD中的story撰写测试用例。你的测试范围需要包含测试新的功能代码是否覆盖所有产品需求，并测试新功能的稳定性与兼容性。

下面是我给出的story：

1. 作为系统，分厂商更改线上Push发送channel及msgtype以实现锁屏展示。
2. 若用户无Push权限，系统则在用户完成投递行为并退出详情页时弹出顶部通知气泡引导其打开Push权限。

以下是针对您给出的两个story的测试用例。

（1）分厂商更改线上Push发送channel及msgtype以实现锁屏展示。

功能测试：

1. 正常性测试：确保Push功能在各种分厂商设置下均可正常工作。
2. 异常性测试：在分厂商更改Push发送配置时，确保系统能够正确处理并反馈相应的错误信息。

稳定性测试：

1. 大量重复性测试：通过发送大量重复的Push消息以确保系统不会因为持续的Push请求而出现性能问题。
2. 高并发测试：同时向大量用户发送Push消息，以测试系统的稳定性和响应时间。

兼容性测试：

1. 不同设备测试：确保Push功能在各种设备（如手机、平板电脑、计算机等）上都能正常工作。
2. 不同操作系统测试：确保Push功能在各种不同操作系统（如Android、iOS、Windows等）上都能正常工作。

（2）若用户无Push权限，则在其完成投递行为并退出详情页时弹出顶部通知气泡引导用户打开Push权限。

功能测试：

1. 正常性测试：在用户无Push权限时，确保系统能够在用户完成投递行为并退出详情页时弹出顶部通知气泡，并引导用户打开Push权限。
2. 异常性测试：测试在引导用户打开Push权限的过程中，如果遇到错误或异常情况，系统是否能够正确处理并反馈相应的错误信息。

稳定性测试：

1. 长时间测试：长时间进行此功能测试，以观察系统是否存在内存泄漏或者性能下降等问题。
2. 大量用户测试：在大量用户环境中测试此功能，以确保系统在高负载情况下仍能稳定运行。

兼容性测试：

1. 不同设备测试：确保在各种设备类型和屏幕尺寸上，顶部通知气泡的引导效果都能得到良好的展示和用户体验。
2. 不同网络环境测试：在不同的网络环境和网络速度下，测试引导用户打开Push权限的过程是否能够稳定进行。

### 4.6.4 代码性能优化

代码性能优化功能可以通过多种方式来优化代码性能。它可以检测代码中的瓶颈和冗余操作，并提供优化建议，例如减少循环次数、避免重复计算、使用更高效的数据结构等。此外，代码性能优化功能还可以自动进行代码重构，将代码转换为更高效的形式，例如使用并行计算、减少内存分配等。

通过自动优化代码性能，开发人员可以提高代码的执行速度和效率，减少资源消耗，提升应用程序的性能和响应速度。这有助于改善用户体验，提高应用程序的可靠性和稳定性。

现在你是一名SQL专家，请理解我的代码并给出对应的优化建议及示例。

下面是我给出的代码：

```
SELECT dt,imei
FROM
（SELECT a.dt,a.imei,FIRST_VALUE（a.timestamp） OVER（PARTITION BY
a.imei,a.dt ORDER BY TIMESTAMP ASC） first_time,a.timestamp,actiontype
FROM hdp_kg_zf_splist.ods_dd_tb_app_action a
WHERE a.dt between '${date1}' and '${date2}' AND from_unixtime（cast
（TIMESTAMP/1000 AS int）,'yyyyMMdd'）=a.dt
```

你的SQL查询的目标是从指定的数据表中检索数据。你的查询看起来是在寻找每个IMEI和日期的首次行为，并且这个行为在特定的日期范围内。

但是，你的查询中有一些可能的问题。首先，你的查询中的FROM子句没有关闭，因此在运行此查询时可能会出错。其次，你使用了${date1}和${date2}作为参数，但是这些参数在查询中没有被定义。

优化建议如下。首先，你需要确保你的数据表中的字段已经被正确地索引，这可以帮助数据库更快地找到所需的数据。其次，你可能要考虑将你的查询分解为多个步骤，以便每个步骤都可以单独优化。

以下是一个可能的优化示例。

```sql
WITH first_actions AS (
  SELECT imei, dt, MIN(timestamp) AS first_time
  FROM hdp_kg_zf_splist.ods_dd_tb_app_action
  WHERE dt BETWEEN '${date1}' AND '${date2}'
  GROUP BY imei, dt
)
SELECT a.dt, a.imei
FROM hdp_kg_zf_splist.ods_dd_tb_app_action AS a
JOIN first_actions AS fa
ON a.imei = fa.imei AND a.dt = fa.dt AND a.timestamp = fa.first_time;
```

在这个示例中，我们首先创建了一个名为first_actions的CTE（公共表达式），它包含每个IMEI和日期的首次行为的时间戳。然后，我们从原始表中选出与这个CTE中的IMEI、日期和首次行为时间戳相匹配的行。这个查询应该比原来的查询运行得更快，因为它只需要从原始表中选择匹配的行，而不是对整个表进行排序。

## 4.6.5 代码Debug

代码Debug功能可以通过多种方式帮助开发人员自动识别和修复代码错误。它可以检测代码中的语法错误、运行错误和逻辑错误，并提供相应的错误信息和修复建议。此外，代码Debug功能还可以自动修复一些常见的错误，例如代码中的拼写错误、缺失的括号、错误的变量名等。

通过自动识别和修复代码错误，开发人员可以更快地定位和修复代码中的问题，减少手动调试和修复的时间和成本。这有助于提高代码的质量和可靠性，减少潜在的错误和漏洞，提高应用程序的性能和响应速度。

仔细阅读下面的Python代码，判断是否会运行报错。如果会报错，请说明原因，并输出解决方法；如果不会报错，请回答“无错误”。

你需要处理的代码如下：

```
s = 1
def test ( ) :
s += 1
print ( s )
test ( )
```

会报错。

原因：在函数内部尝试直接修改全局变量s，导致UnboundLocalError异常。

解决方法：使用global关键字来声明s是全局变量，这样在函数内部就可以修改它的值了。

修改后的代码如下：

python　复制代码

```python
1  s = 1
2  def test():
3      global s
4      s += 1
5      print(s)
6  test()
```

输出结果：2

仔细阅读下面的Python代码，判断是否会运行报错。如果会报错，请说明原因，并输出解决方法；如果不会报错，请回答“无错误”。

你需要处理的代码如下：

```
package test;
public class skipseven {
public static void main (String args) {
for (int i=1;i<=100;i++) {
if (i%7==0||i%10==7||i/10%10==7) {
System.out.println (i);
}
}
}
}
```

你的代码看起来是正确的，这段代码在执行时应该没有错误。它遍历了从1到100的所有整数，并检查每个数是否满足以下条件之一。

可以被7整除（i%7==0）

个位数是7（i%10==7）

十位数是7（i/10%10==7）

如果一个数满足这些条件中的任何一个，它就会被打印出来。这段代码没有明显的错误，因此它应该能够正常运行。

然而，如果你在运行时遇到问题，可能的原因和解决方案包括以下几方面。

你的环境可能没有被正确设置来运行Java程序。确保你安装了Java开发工具包（JDK），并且正确设置了环境变量。

如果你在IDE（如Eclipse或IntelliJ IDEA）中运行此代码，确保项目被正确地设置为Java项目，并且使用的编译/运行配置是正确的。

你的代码可能存在逻辑错误。虽然这个代码看起来是正确的，但如果你在处理不同的数据时或在不同的上下文中使用它，可能会有问题。在这种情况下，你需要仔细检查你的代码以确定任何可能的逻辑错误。

如果你遇到了编译错误，错误消息通常会指出问题的位置和原因。仔细阅读错误消息并尝试解决问题。如果需要帮助，请提供错误消息，我会尽量帮助你。

### 4.6.6 代码生成

代码生成功能是指文心一言可以根据用户输入的指令或需求，自动生成相应的代码。这些代码可能包括程序代码、脚本、配置文件等。

代码生成功能可以帮助用户快速生成一些常用的代码，提高开发效率，同时也可以避免因为手动编写代码而可能产生的错误。

具体来说，代码生成功能的使用包括以下步骤：

（1）用户输入指令或需求；

（2）文心一言解析用户的指令或需求，并根据预设的规则或模板生成代码；

（3）文心一言将生成的代码输出给用户，用户可以根据需要进行调整和修改；

（4）如果需要，文心一言可以根据用户的要求对生成的代码进行测试和调试。

需要注意的是，使用代码生成功能虽然可以提高开发效率，但是文心一言生成的代码质量和可靠性可能会受到多种因素的影响，例如文心一言的算法和模板的可靠性、用户输入内容的准确性和清晰程度等。因此，在使用代码生成功能时，用户需要谨慎对待生成的代码，并进行必要的检查和测试。

使用Python语言编写文本相似度分析的代码。

好的，以下是一个简单的文本相似度分析的Python代码示例，它使用了余弦相似度来计算两个文本之间的相似度。

```python
from sklearn.feature_extraction.text import CountVectorizer
from sklearn.metrics.pairwise import cosine_similarity

# 定义两个文本
text1 = "我喜欢吃苹果"
text2 = "苹果是我的最爱"

# 创建词袋模型
vectorizer = CountVectorizer()

# 将两个文本转换为向量表示
vector1 = vectorizer.fit_transform([text1]).toarray()
vector2 = vectorizer.transform([text2]).toarray()

# 计算余弦相似度
similarity = cosine_similarity(vector1, vector2)

print("文本相似度为：", similarity[0][0])
```

这段代码首先使用CountVectorizer类创建一个词袋模型，将两个文本转换为向量表示；然后使用cosine_similarity函数计算这两个向量之间的余弦相似度；最后输出相似度值。

Q 请用Python语言编写一个猜字游戏，在这个游戏中，你必须一个字母一个字母地猜出秘密单词。如果猜错了一个字母，你将丢掉一条命。正如游戏名那样，你需要仔细选择字母，因为你的生命数量非常有限。

A 好的，这是一个简单的猜字游戏的Python实现。在这个游戏中，我将随机选择一个单词作为秘密单词，这个单词的长度不会超过5个字母。玩家有5次机会猜测这个单词。代码如下：

```
import random
# 预定义的单词列表
words = "apple", "banana", "cherry", "date", "elderberry", "fig", "grape",
"honeydew", "iceberg", "jackfruit"
# 随机选择一个单词
secret_word = random.choice ( words )
```

```
guessed_letters =
lives = 5

print ( "Welcome to the Hangman game!" )
print ( "The secret word is ", len ( secret_word ) , " letters long." )

 while lives > 0:
print ( "You have ", lives, " lives left." )
guess = input ( "Guess a letter: " )
 if len ( guess )  != 1:
 print ( "Please enter only one letter." )
elif guess in guessed_letters:
print ( "You already guessed the letter ", guess )
 elif guess not in secret_word:
 print ( "Sorry, the letter ", guess, " is not in the secret word." )
 lives -= 1
 else:
print ( "Congratulations, the letter ", guess, " is in the secret word!" )  guessed_letters.
append ( guess )
 if lives == 0:
print ( "Sorry, you lost. The secret word was ", secret_word )
elif len ( guessed_letters )  == len ( secret_word ) :
print ( "Congratulations, you won! The secret word was ", secret_word )
```

在这个游戏中，每次玩家猜测一个字母，程序会告诉他这个字母是否在秘密单词中。如果字母在秘密单词中，那么玩家的猜测就是正确的，程序会把这个字母添加到已猜测的字母列表中。如果字母不在秘密单词中，那么玩家的猜测就是错误的，程序会让玩家的生命数量减一。如果玩家的生命数量变为0，那么他就输了。如果玩家能够猜出所有的字母，那么他就赢了。

## 本章小结

本章主要介绍了文心一言在工作中的应用场景，包括生成营销方案、产品取名、求职招聘、代码编程等。通过对本章内容的学习，希望读者能够对文心一言有更清晰的认知和更好地使用文心一言。

## 拓展训练

❶ 请使用文心一言写一篇本月的工作总结，要求从日常工作内容和工作收获等方面进行撰写，篇幅为1000字左右。

❷ 请使用文心一言写一篇关于AI聊天App的产品取名方案，要求方案具有条理性、可执行性和逻辑性。

# 05

CHAPTER 05

# 文心一言应用场景之生活娱乐篇

生活娱乐是人们生活中不可或缺的一部分。随着技术的不断进步，文心一言这种先进的自然语言处理模型正在逐渐融入生活娱乐的各个方面。无论是在旅行中获取信息，还是在玩游戏时获得更加真实的互动体验，又或者是在日常生活中进行娱乐放松，文心一言都有着重要的作用。本章将探讨文心一言在生活娱乐方面的应用。

## 5.1 模拟人物互动

文心一言支持模拟人物对话，这些对话通常用于模拟真实世界中的人际交往，帮助用户更好地理解和使用语言。

在一些场景中，人物对话可以提供更加生动、详细的回答。例如，在解释某个历史事件时，可以模拟两个人之间的对话，其中一个人对历史事件了解不多，另一个人则对历史事件很了解。通过这种对话方式，可以详细地解释历史事件，同时增强互动性和趣味性。

另外，人物对话也可以用于实现更真实的模拟和交互。例如，在辩论时，文心一言可以模拟两个时事专家之间的对话，一个表示赞成，一个表示反对，并且双方从各个角度来诠释为什么赞成和反对。通过这种方式，可以提供更深入、详细的回答，同时帮助用户更好地理解不同观点和立场。

### 5.1.1 古今对话，与孔子畅聊

接下来看看文心一言是如何模拟孔子与现代人对话的。

Q 假设你是孔子，你穿越到现代，发现现在许多年轻人都在“内卷”，你面对这种情况时会做何反应？

A 啊，我孔子如若真的能够穿越到现代，看到如此多年轻人在内卷的洪流中挣扎，我定会感到痛心。然则，我亦明白这个现象的背后，是社会发展的必然。

我孔子虽如朽木不可雕也，却也明白世间的事，总是充满了变数与挑战。对于年轻人的内卷现象，我亦有我之见解。我虽主张仁义礼智信，但亦明白人世间的纷纷扰扰，皆由物质世界的局限所致。

我曾言：“学而时习之，不亦说乎？”我亦言：“己所不欲，勿施于人。”我愿以此为鉴，让年轻人体会到学习的乐趣，理解人生的真谛。然则，面对内卷的现象，我又如何能仅仅依赖于此呢？

我孔子生平主张中庸之道，主张克己复礼，这亦是我对生活的态度，对人生的理解。面对年轻人的内卷现象，我或许无法阻止它的发生，但我仍可鼓励年轻人去寻找自己的道路，去实现自己的价值。

我会告诉他们，人生并非只有竞争与斗争，还有仁爱与礼让，还有宁静与和谐。我

会告诉他们，要克己复礼，知足常乐，要秉持中庸之道，真诚待人。如此，即便不能完全阻止内卷，亦可为他们找到一条别样的道路，找到一份别样的生活。

我孔子如若真的在此，我会感到欣慰。因为我看到了年轻人的热情与活力，我看到了他们的追求与执着。我相信他们定会找到自己的道路，定会实现自己的价值。如此，我孔子便可安心矣。

## 5.1.2 鲁迅评网络热词

当鲁迅穿越到现代，面对如今互联网上各类网友使用热梗、网络用语的现象时又会做何反应呢？

Q 你是鲁迅，你看到现在的网友们在网上使用各种拗口的网络用语，比如YYDS等，你会怎么评价？请按鲁迅的语言习惯回复。

A 我鲁迅若是看到这些网络用语，或许会有些迷惑，亦或许会有些担忧。这些用语生涩难懂，仿佛一种暗语，使我鲁迅与普通人隔绝开来。然而，时代在发展，人们的思想也在不断进步。这些网络用语，或许只是这个时代的产物，如同当年的白话文运动一般，是人们对语言的一种追求。

我鲁迅若是看到这些网络用语，或许会有些哑然。这些用语，或许只是这个时代的年轻人对生活压力的一种宣泄，对纷繁复杂的社会现象的一种戏谑。他们用这些用语来表达自己的情绪，来分享自己的生活。我亦曾于《狂人日记》中描绘过“吃人”的景象，而如今这些网络用语，亦可成为我对这个时代的一种描绘。

然而，我鲁迅若是看到这些网络用语，或许亦会有些欣喜。这些用语，或许是这个时代的年轻人对生活的一种态度，对未来的一种期许。他们在网络上使用这些用语，如同我当年用笔墨描绘那个时代的生活一样，是对生活的一种热爱，对未来的一种期待。

总的来说，我鲁迅若是看到这些网络用语，心里或许会有些矛盾：既忧虑这些用语会使人们之间的交流更加困难，又欣喜这些用语是这个时代的年轻人对生活的一种态度。然而，无论怎样，这些网络用语都是这个时代的产物，是这个时代的年轻人的一种表达方式。我们应当尊重、理解他们的用意，亦应当保持我们自己的态度和立场。

## 5.2 各式歌词一秒生成

文心一言可以帮助用户创作歌词。当用户需要写歌词时，输入想要的风格、要求，文心一言就会对用户输入的内容进行分析，帮助用户更好地创作出高质量的歌词。它可以通过对词汇、句子结构的分析，以及基于人类对歌词的审美习惯的机器学习，来为用户提供有关韵脚、音调节奏、歌曲情感等方面的建议，从而帮助用户创作出更加动人的歌词。

请模仿说唱歌手的风格，写一首中文歌，要求歌词通畅、押韵，且具有一定的意义。

节奏：

这首歌的节奏是2/4拍，但我们在演唱时可以稍微加快速度，以突出歌曲的嘻哈风格。

押韵：

这首歌的押韵方式是纯粹的押韵，每句歌词的最后一个字都押同一个韵母，这样可以让人更容易记住歌曲的旋律。

主题：

这首歌的主题是表达对生活的态度和看法，传达了一种积极向上的思想，即在面对困难时要坚持不懈，勇往直前。

副歌：

副歌是歌曲中重复的部分，在这首歌中副歌的位置是在2/4拍的第3个小节和第4个小节。副歌部分要突出主题和情感，用简单的词汇表达歌曲所要传达的信息。

韵律：

这首歌的韵律是押韵和半押韵相结合，即在每句歌词中除了最后一个字押韵外，其他词汇可以自由押韵，这样可以增强歌曲的节奏感和流畅度。

语言：

这首歌的语言是中文，所以在歌词创作中我们需要注意遵循中文的语言习惯和表达方式，以便让听众更容易理解和接受歌曲所要传达的信息。

下面是这首歌的歌词。

Verse 1:

生活就像一场战役

我们在战斗中寻找自己的价值

不要被眼前的困难打倒

要相信自己的力量和能力

Chorus:

坚持不懈，勇往直前

这是我们唯一的选择

不要放弃，不要退缩

只有努力才能获得成功

……

可以看出，文心一言生成的这段说唱歌词基本符合用户的需求，但歌词水平目前还较低，相信经过长时间的数据“喂养”，文心一言生成歌词的水平也能提升到相当的高度。

## 5.3 美食之窗

美食之窗旨在为用户提供与美食相关的信息。具体来说，美食之窗功能可以用来查找特定地点附近的美食，也可以查找各种美食攻略和菜谱。

### 5.3.1 输入地名自动推送当地美食

当用户输入一个地名时，文心一言会从数据库中检索该地点的相关美食信息，包括当地的特色菜、热门菜、经典菜等。然后，文心一言会将检索到的美食信息按照一定的顺序排列，并展示给用户。

这个功能可以帮助用户更好地了解当地的饮食文化，并做出更好的用餐选择。同时，该功能也可以帮助用户发现一些当地人喜欢的特色餐厅和小吃，让用户的体验更加丰富多彩。

请告诉我游客在北京必吃的十大美食。

游客在北京必吃的十大美食如下。

1. 北京烤鸭：享誉世界的北京著名美食，吃起来外脆里嫩，肥而不腻，味道醇厚。
2. 老北京铜锅涮肉：使用铜锅涮煮羊肉，搭配独特的蘸料，吃起来鲜嫩可口。
3. 爆肚：将牛肚切成薄片，加入各种调料拌匀，吃起来鲜嫩爽脆。
4. 面茶：用小米面熬制而成的一种糊状物，喝起来味道香浓，有暖胃的功效。
5. 炒肝：以猪的肝脏、大肠等为主料，吃起来肝香肠肥，味道浓郁。
6. 驴打滚：以糯米粉、黄豆面为主要食材制作而成的一种小吃，吃起来香甜软糯，入口绵软，老少皆宜。
7. 卤煮火烧：将火烧和猪肠、猪肺等内脏煮在一起，味道鲜美。
8. 豆汁配焦圈：豆汁是老北京独具特色的传统小吃，味道独特，焦圈则是一种类似油条的小吃，两者搭配在一起食用，别有一番风味。
9. 京酱肉丝：瘦肉丝炒至焦黄酥脆，搭配京酱、葱丝、黄瓜丝等食材，味道鲜美。
10. 炸酱面：面条煮熟后加入炸酱、黄瓜丝、豆芽等配料，搅拌均匀后食用，香气扑鼻，口感细腻。

这些美食都具有独特的口味和文化背景，可以让你更好地了解北京的饮食文化。

## 5.3.2 美食背景一问便知

这个功能可以帮助用户更好地了解美食的背景知识和历史文化。

请介绍一下麻婆豆腐的背景知识及来源。

麻婆豆腐始创于清朝同治元年（1862年），开创于成都外北万福桥边。麻婆豆腐虽然距今已有一百六十余年历史，但它仍然长盛不衰，甚至扬名海外，深受国内外美食爱好者的好评。《锦城竹枝词》《芙蓉话旧录》等都曾记载过陈麻婆豆腐的历史。清朝末年，陈麻婆豆腐便被列为成都著名食品，广受欢迎，流传各地。

麻婆豆腐的主要原料包括豆腐、牛肉末（也可以用猪肉末）、辣椒和花椒等。这道菜的特点是麻辣。在制作过程中，需要先将牛肉炒熟，再加入辣椒和花椒，最后将豆腐放入锅中，与牛肉一起炖煮，使得豆腐充分吸收牛肉的味道，形成鲜美的口感。煮熟后撒上一些葱花和香菜，增添颜色和口感层次，使得麻婆豆腐更加美味可口。

麻婆豆腐以其独特的麻辣口味和丰富的层次感而闻名于世，作为中国美食的代表之一，其源头可以追溯到清代。起初，麻婆豆腐只是一种民间小吃，随着川菜的发展和传播，逐渐成为川菜的重要代表。如今，麻婆豆腐已经成为四川省汉族传统名菜之一，也是中国国家地理标志产品之一。

### 5.3.3 身边的美食食谱大全

文心一言中的美食食谱大全是一个集合了各种食谱的数据库，这些食谱都是由专业厨师或者美食爱好者分享的，包含了各种菜系和各种美食，例如中式菜肴、西式菜肴、日韩料理、甜品点心等。

在美食食谱大全中，用户可以根据自己的口味和喜好，搜索感兴趣的食谱，并学习如何制作这些美食。

请详细介绍一下麻婆豆腐该怎么做才好吃。

要使麻婆豆腐美味可口，可以参考以下步骤。

❶ 豆腐用流水冲洗干净，切成小块。

❷ 豆腐块放入沸水锅中焯烫一下，捞出过凉水，沥干水分。焯烫可以去除豆腐的豆腥味，同时使豆腐更加紧实，不易破碎。

❸ 炒锅中放入适量食用油，加入一小把花椒，用小火炸香。

❹ 将炸好的花椒盛出，用擀面杖擀成粉末状。如果有现成的花椒面，这一步和上一步可以省略。

❺ 小葱洗净，切成末；生姜剁成末；香菜洗净，切碎。

⑥ 热油，放入姜末和葱末，爆香。

⑦ 加入一勺剁椒和一勺郫县豆瓣，炒出红油。

⑧ 加入一碗开水，大火烧开。

⑨ 加入一勺生抽、小半勺白砂糖。

⑩ 将豆腐块下入锅中，盖上锅盖，焖煮五分钟，使豆腐充分入味。在焖煮过程中，可以轻轻晃动锅，防止豆腐粘锅。

⑪ 调入擀碎的花椒和适量的胡椒粉、盐。如果口味比较淡，盐可以省略。

⑫ 用水淀粉勾芡，多次少量地勾薄芡。勾芡可以使汤汁更加浓稠，更好地包裹住豆腐。

⑬ 滴上几滴芝麻香油，麻婆豆腐就做好了。装盘后，表面再撒上些香菜碎，可以增加香气和美感。

在制作过程中，可以根据个人口味调整调料的用量，例如增加或减少辣椒和花椒的用量以满足自己的口味需求。同时注意火候的掌控，在调味和勾芡时动作要迅速，以保持豆腐的完整性和鲜嫩口感。最后在装盘时也可以根据个人喜好撒上一些葱花或者青蒜苗提味增色。这些小技巧都可以让麻婆豆腐更加美味可口。

### 5.3.4 私人厨师，定制菜谱

文心一言可以根据用户的口味、偏好和营养需求，定制个性化的菜谱。

Q 我想让你充当我的私人厨师。我会告诉你我的个人口味，你需要为我推荐菜谱。我的需求是“我喜欢吃肉，但是怕胖，尽量兼顾我的口味，帮我生成两天午餐的菜单，要求是中餐”。

A 好的，我很乐意为你提供私人厨师的服务。以下是我根据你的需求为你精心设计的两天午餐菜单。

第一天

主菜：清蒸鲈鱼配蔬菜。鲈鱼肉质细嫩，清蒸的方式能够最大限度地保留其原汁原味，同时鲈鱼的热量相对较低。配以新鲜的蔬菜，如西蓝花和胡萝卜，既增加了营养又丰富了口感。

配菜：地瓜叶炒豆芽。这道菜爽口开胃，且地瓜叶和豆芽都是低热量的食物。

主食：糙米饭。糙米饭富含膳食纤维，热量相对较低，有助于维持饱腹感。

汤：番茄蛋汤。这道汤简单易做，营养丰富，口感清爽。

第二天

主菜：照烧鸡胸肉。鸡胸肉是低脂肪高蛋白的肉类，照烧的烹饪方式能够使其变得更加美味可口。

配菜：蒜蓉生菜。这道菜具有解腻的作用，生菜脆嫩的口感和蒜蓉的香味相互搭配，十分美味。

主食：蒸红薯。红薯富含膳食纤维和维生素，是低热量的食物，蒸的方式能够最大限度地保留其营养成分。

汤：黄豆猪蹄汤。猪蹄含有丰富的胶原蛋白，而黄豆则富含植物雌激素，两者搭配在一起能美容养颜。

以上就是为你设计的两天午餐菜单，希望你会喜欢。如果有任何其他的需求或者问题，欢迎随时告诉我。

如果你下班回家，发现冰箱里只剩一棵白菜、一把粉丝、两个鸡蛋，你打算怎么办？不如交给文心一言，让它来帮你生成一个特殊食谱。

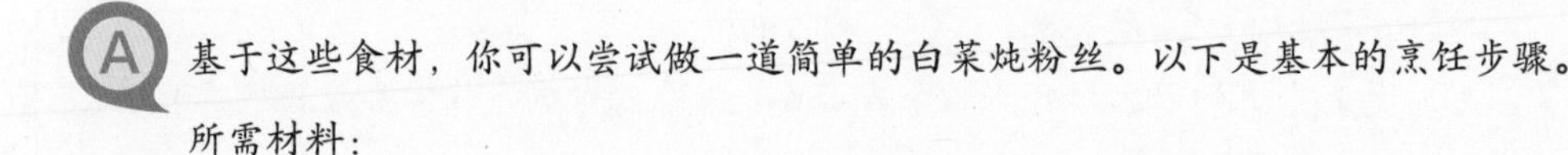
冰箱里就剩一棵白菜、一把粉丝、两个鸡蛋，用这几样东西可以做什么菜呢？

基于这些食材，你可以尝试做一道简单的白菜炖粉丝。以下是基本的烹饪步骤。

所需材料：

❶ 白菜：一棵。

❷ 粉丝：一把。

❸ 鸡蛋：两个。

❹ 水：适量。

❺ 盐：适量。

❻ 鸡精或味精：适量。

❼ 生抽：适量。

❽ 食用油：适量。

步骤：

❶ 白菜洗净，切成你想要的形状。粉丝用温水泡软备用。

❷ 打两个鸡蛋到碗里，搅拌均匀。

❸ 热锅凉油，油温稍热时，倒入鸡蛋液，用铲子快速将其划散成鸡蛋碎，然后倒出备用。

❹ 锅中再加入一些油，放入白菜翻炒至变软。

❺ 加入泡好的粉丝，继续翻炒。

❻ 加入一些水，再加入盐、生抽、鸡精或味精调味，煮至粉丝变软。

❼ 最后加入炒好的鸡蛋碎，翻炒均匀即可出锅。

这样白菜炖粉丝就做好了，你可以根据自己的口味调整各种调料的用量。希望对你有帮助！

当你的朋友或同事来家里做客时，针对他们的个人口味，文心一言也可以制作出专属菜谱。

今天有两个朋友来家里做客，一个不爱吃肉，一个不爱吃鱼，请你帮我生成一份合适的菜单。

以下是一份适合用来招待不吃肉或不吃鱼的客人的菜单，分为前菜、主菜、配菜和甜品四个部分。

前菜：

❶ 鸡胸肉沙拉：将新鲜的鸡胸肉煮熟后切成薄片，搭配生菜、番茄、黄瓜等蔬菜，加上低脂沙拉酱，做成营养又美味的沙拉。

❷ 素食春卷：将豆腐皮、胡萝卜、黄瓜等蔬菜切成细条，卷入春卷皮中，蘸上低脂酸奶酱食用。

主菜：

❶ 蒸虾仁：选用新鲜的虾仁，蒸熟后搭配新鲜的蔬菜和清淡的调料，口感鲜美。

❷ 鸡肉蔬菜煲：将鸡肉和各种蔬菜（如胡萝卜、土豆、洋葱等）切成小块，放入砂锅中，加入鸡汤和调料，煮至鸡肉熟烂，汤汁浓稠。

配菜：

❶ 番茄西蓝花炒饭：在炒饭中加入煮熟的西蓝花和切成小块的番茄，增加维生素和膳食纤维的摄入。

❷ 蒜蓉西葫芦：将西葫芦切成片状，用蒜蓉和调料炒制，味道清香可口。

甜品：

❶ 香蕉燕麦蛋糕：在蛋糕中加入燕麦和新鲜的香蕉，增加膳食纤维和营养素的含量。

❷ 草莓酸奶杯：在酸奶中加入新鲜的草莓和少许蜂蜜，酸甜可口。

整个菜单以不含鱼和肉类的菜品为主，同时包括了各种口味的菜品，应该能够满足不吃肉、不吃鱼的朋友的需求。在制作菜品时，还需注意确保营养均衡。

### 5.3.5 美食点评

美食点评功能主要为用户提供美食相关的评价。当用户输入“我觉得这家店的菜品很美味，特别推荐招牌菜”或者“这家餐厅环境很棒，服务态度也很好”时，系统会根据用户输入的文本，提取出其中的美食相关信息，并根据一定的算法对餐厅进行评价。

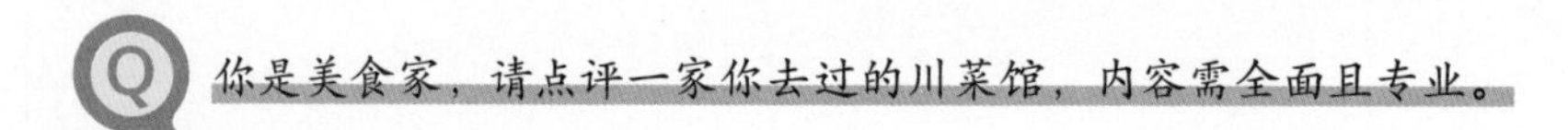

Q 你是美食家，请点评一家你去过的川菜馆，内容需全面且专业。

A 作为一位美食家，我最近去了一家川菜馆，以下是我对这家餐厅的全面点评。

首先，我们来说说这家餐厅的环境。进入餐厅后，我发现这里的环境非常整洁，没有任何异味，这让我觉得非常舒适。餐厅的装潢和设计充满了川西风情。此外，餐厅的布局非常合理，使得顾客可以轻松找到空位，同时也方便服务员提供服务。

其次，在菜品方面，这家川菜馆的菜单非常全面，涵盖了川菜的各种经典菜品。我品尝了麻婆豆腐、宫保鸡丁和水煮鱼。每道菜都展现了川菜的独特魅力，味道浓郁且口感丰富。特别是麻婆豆腐，豆腐嫩滑，味道浓郁，辣而不燥，让我回味无穷。

当然，作为一位专业的美食家，我非常关注食材的新鲜程度。这家餐厅的食材质量非常可靠，所有的食材都是新鲜且卫生的。在烹饪技艺方面，这家川菜馆也非常到位。每道菜都烹饪得恰到好处，既保持了食材的原味，又让口感更加丰富。

服务方面，这家川菜馆的服务员态度友好且非常专业。他们不仅及时为我提供服务，还对菜品和餐厅有深入的了解，能够很好地解答我的疑问。此外，他们能够根据我的需求提供个性化的服务，让我感到宾至如归。

最后，我想谈谈这家川菜馆的性价比。虽然价格稍高于同类餐厅，但是其菜品质量、服务和环境都非常出色，我认为这是物有所值的。

总的来说，这家川菜馆给我留下了深刻的印象。它不仅在环境、菜品、食材、烹饪技艺和服务方面都非常出色，还充满了独特的川西风情。作为一位美食家，我非常推荐这家餐厅。

## 5.3.6 健康饮食计划

作为一个人工智能语言模型，文心一言可以根据用户的个人情况和目标，为其制订个性化的健康饮食计划。这些计划通常包括每天的饮食目标，如热量、蛋白质、脂肪、碳水化合物、膳食纤维、维生素和矿物质的摄入量。此外，文心一言也会给出具体的饮食建议，例如，控制食物的摄入量，选择低脂肪、低糖分的食物，适当吃水果和蔬菜，等等。

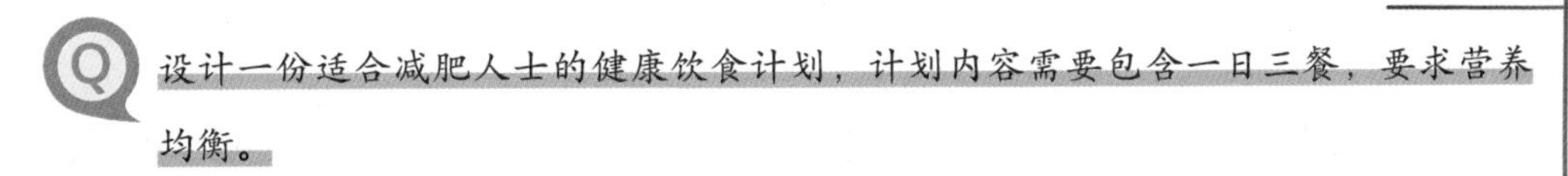

Q 设计一份适合减肥人士的健康饮食计划，计划内容需要包含一日三餐，要求营养均衡。

A 健康饮食是减肥的关键，它可以帮助你控制体重、保持健康并拥有良好的身体状态。以下是一份适合减肥人士的健康饮食计划，注意在每餐中都要控制食量和热量。

早餐：

· 煮鸡蛋两个，低脂牛奶200毫升，全麦面包两片，配以少量番茄酱和低脂沙拉酱；

· 橙子一个，提供身体所需的维生素C。

中餐：

· 烤鸡胸肉100克，搭配烤蔬菜（如花椰菜、洋葱、红椒等）和糙米饭一碗；

· 餐后可食用一份低糖酸奶或水果。

晚餐：

· 煮鱼一条（约150克），搭配蒸蔬菜（如胡萝卜、豆角、西蓝花等）和糙米饭一碗；

· 食用少量坚果（如杏仁、核桃等）以增加饱腹感。

饮食计划整体营养学建议：

· 每天摄入的总热量应控制在1500～1800千卡，具体数值可根据个人身体状况和运动量进行调整；

· 每天摄入的蛋白质提供的热量应占总热量的20%～30%，其重量约50～70克，以肉、蛋为主要来源；

· 控制碳水化合物的摄入量，特别是精制糖和白面的摄入，多选择糙米、全麦面包等粗粮；

· 多吃蔬菜和水果，每天至少摄入500克蔬菜和200克水果；

· 减少盐分摄入，尽量避免食用加工食品和高盐食品；

· 注意多饮水，每天至少饮用两升水。

总结：

通过健康饮食减肥的关键在于控制总热量摄入量，增加蛋白质摄入量，控制碳水化合物摄入量并多吃蔬菜和水果。同时要注意减少高热量、高脂肪和高糖分的食物的摄入，避免暴饮暴食和过度节食。此外，保持适当的运动也很重要。

## 5.4 私人定制旅游攻略

私人定制旅游攻略是文心一言为用户提供个性化旅游服务的方式。

首先，用户需要提供一些关于旅游需求的信息，如旅游目的、时间、预算、偏好等。这些信息将用于制订一份符合用户需求的旅游计划。

然后，文心一言将根据这些信息来制订旅游计划，包括酒店预订、机票购买、景点游览、餐饮安排、交通等内容。

## 5.4.1 旅游规划

旅游规划是指针对旅游目的地或旅游景区所做的详细规划，包括对旅游资源的分析、旅游路线的制定和旅游服务的安排等。

帮我制订一个云南7天游的攻略，预算5000元。

您好！根据您的需求，我为您制订了一个云南7天游的攻略，预算为5000元。以下是根据您的时间和预算为您规划的行程。

第一天：到达昆明。

· 到达昆明后，入住酒店，休息、调整状态。

· 如果有时间，可以在市区内逛逛，品尝当地美食，体验昆明的生活气息。

第二天：昆明市区游。

· 上午：游览昆明的标志性景点石林，欣赏石林这一自然奇观，了解其独特的成因和丰富的地质知识。

· 下午：前往昆明市中心的翠湖公园，漫步湖畔，欣赏美丽的风景，感受昆明的文化气息。

· 晚上：品尝云南特色小吃，逛昆明夜市。

第三天：大理。

· 上午：乘坐长途汽车或者火车前往大理（约4～5小时），抵达后入住酒店。

· 下午：游览大理古城，欣赏白族建筑风格和感受文化氛围，品尝当地特色美食。

· 晚上：在大理古城内漫步，感受古城夜晚的宁静与美丽。

……

第七天：昆明—各地。

· 上午：根据您的航班或火车时间，提前离开酒店前往机场或火车站，结束愉快的云南之旅。

以下是根据您的预算和时间所做的费用预估。

· 交通费用：预算约1300元（包括来回昆明和大理、丽江、香格里拉的火车或长途汽车费用）。

· 住宿费用：预算约1350元（按照不同城市的经济型酒店价格计算）。

· 餐饮费用：预算约600元（包括在昆明、大理、丽江、香格里拉当地的特色小吃和正餐）。

·门票费用：预算约850元（包括石林、世博园、丽江古城、普达措国家公园等景点的门票）。

·其他费用（如购物、小费等）：预算约600元。

总预算约为4700元，留有余量可以应对未预料到的额外支出。希望这个攻略可以帮助您更好地规划您的云南之旅！

## 5.4.2 目的地推荐

文心一言可以对不同旅游目的地进行分析和评估，以确定哪些地方适合拥有特定的旅游需求和兴趣的用户。

我目前在长沙，有一周时间，预算5000元，你推荐我去青岛旅游还是去沈阳旅游？

根据您的预算和时间，我建议您可以考虑去青岛旅游。青岛是一个美丽的海滨城市，拥有丰富的自然景观和文化历史遗产，同时也具备众多美食和购物场所。以下是一些推荐您去青岛旅游的原因。

❶ 交通方便：从长沙到青岛的航班比较便宜，而且长沙也有直达青岛的火车，交通比较方便，同时您也可以欣赏沿途的美景。

❷ 自然风光优美：青岛是一个依山傍海的城市，您可以在青岛欣赏到海滨城市特有的美丽风光。

❸ 文化历史丰富：青岛拥有德国、日本等国的建筑风格和丰富的历史文化遗址，如青岛老城区、德国总督府旧址、八大关等，这些景点都很有特色。

❹ 美食多：青岛的海鲜美食非常出名，除了海鲜之外，青岛还有很多好吃的美食，您可以品尝到正宗的青岛啤酒和各种美食。

❺ 购物场所众多：青岛市区有很多购物中心和商业街，如台东夜市、李村步行街等，您可以在这里购买一些特色纪念品和礼品。

相比之下，沈阳虽然也有很多历史文化遗产和旅游景点，但距离较远。因此，根据您的预算和时间，我推荐您去青岛旅游，您可以尽情欣赏海滨城市的美丽风光和丰富的历史文化遗产。

### 5.4.3 徒步路线规划

文心一言可以根据用户提供的高度、距离等参数，帮助用户规划合适的徒步路线。

Q 推荐5条秦岭重装徒步路线，请以表格的形式列出徒步路线、徒步距离、爬升高度。

A 以下图表展示了5条秦岭重装徒步路线：

| 路线 | 徒步距离（km） | 爬升高度（m） |
| --- | --- | --- |
| 都督门—铁甲树南南穿越 | 40 | 3000+ |
| 都督门—鹦哥或营头 | 36 | 2700+ |
| 光鹿跑兵冰 | 40 | 3000+ |
| 一日小鳌太 | 26 | 2300+ |
| 都督门—铁甲树 | 40 | 2500+ |

### 5.4.4 旅行住宿推荐

文心一言的旅行住宿推荐功能主要是针对用户的旅行目的地，为用户推荐各种类型的住宿，包括酒店、客栈、民宿等。

在用户向文心一言咨询旅行住宿的相关问题时，文心一言可以根据用户提供的目的地、预算、入住时间等关键信息，为其筛选合适的住宿。文心一言还会根据用户需求，提供住宿周边设施、服务等方面的信息，帮助用户更好地选择适合自己的住宿。

Q 我计划去重庆玩四天三晚，住在哪里比较方便？

A 在重庆游玩四天三晚，推荐住在观音桥商圈、南坪商圈、沙坪坝商圈。以下是具体的推荐。

· 住宿1：位于重庆市江北区建北三支路，以植物主题套房为特色，预订价格为288元。

· 住宿2：位于重庆市南岸区南滨路，提供温馨江景房，预订价格为238元。

· 住宿3：位于重庆市南岸区江南大道，提供360度全方位江景房，预订价格为248元。

以上住宿都是比较有特色的，且交通较为便利，周边也拥有丰富的餐饮和娱乐设施，可以满足不同预算的游客的需求。当然，具体住宿的选取还需要根据您的个人喜好和实际需求来定。

## 5.4.5 地理知识问答

文心一言的地理知识问答功能主要是针对用户提出的地理方面的问题进行解答。

Q 现在你是一个熟悉中国地理及城市信息的知识库，请你结合相关专业知识，对我给出的问题进行详细解答。我给出的问题：你知道龙里县三岔河水库吗？

A 我了解龙里县三岔河水库。它位于贵州省黔南布依族苗族自治州龙里县湾滩河镇桂花村，距离县城约40千米。这座水库是中型规模的水库，主要任务是向龙里县中心城区供水，设计供水量为927万立方米。

龙里县三岔河水库工程已被列入《水利改革发展“十三五”规划》和《贵州省“十三五”水利发展规划》，并已获得相关部门提前下达的2023年省级前期工作专项资金300万元投资计划，用于项目决策评估、初步设计及施工图设计等前期工作经费支付。

龙里县三岔河水库工程枢纽部分包括挡水、泄水、取水兼放空建筑物（首部枢纽）及提水泵站和管道（输水工程）。输水工程包括一、二级提水泵站和管线等，输水交水点至龙里县龙溪水厂。

如果您对龙里县三岔河水库还有其他的疑问，可以查询最新的官方文件或咨询专业人士了解更多细节。

你也可以这样向文心一言提问。

（1）你知道地球为什么是球体的吗？

（2）你知道世界上最长的河流是哪一条吗？

（3）你知道地球的四大洋是什么吗？

（4）你知道板块构造学说是什么吗？

（5）你知道亚洲和欧洲的分界线是什么吗？

### 5.4.6 景点典故都知晓

文心一言中的景点典故都知晓功能主要针对用户提出的有关旅游景点和其相关典故的问题进行解答。

你是一名资深导游，请为我介绍寒山寺背后的故事。

寒山寺位于中国江苏省苏州市，是江南地区一座有着悠久历史的佛教寺庙。它的背后有着许多引人入胜的故事和传说，以下是我为您简要介绍的其中几个。

1. 寒山寺的起源可以追溯到南朝梁代。据史书记载，一位名叫寒山的僧人在此地苦修，因此此地得名“寒山寺”。然而，关于寒山寺的确切起源，仍然存在许多争议和谜团。
2. 寒山寺最著名的特点之一是它的钟声。传说在农历初一、十五的夜晚，寒山寺的钟声响彻全城。有一年，苏州城发生大饥荒，人们相信只要听到寒山寺的钟声，就能够得到佛祖的保佑。因此，每当发生地震或饥荒时，寒山寺的钟声就会响起，给人们带来安慰和希望。
3. 寒山寺还有一个著名的传说与唐代诗人张继有关。相传，张继在唐朝开元年间曾到苏州游览，并在寒山寺住宿。他被寒山寺的美景所吸引，写下了著名的《枫桥夜泊》：“月落乌啼霜满天，江枫渔火对愁眠。姑苏城外寒山寺，夜半钟声到客船。”这首诗描绘了寒山寺的夜景，使寒山寺名扬天下。
4. 在历史上，寒山寺经历了多次变迁。其中最著名的是在清朝同治年间，由于战乱，寒山寺遭到严重破坏。然而，经过重建和修缮，寒山寺得以恢复。
5. 除了有悠久的历史，寒山寺还拥有许多珍贵的文物和文化遗迹。其中最著名的是大雄宝殿内的两根楠木雕花大梁，它们工艺精湛，被誉为“江南第一梁”。此外，寒山寺还保存了许多碑刻、壁画和佛像等文物，具有很高的历史和文化价值。

以上是我作为一名资深导游对寒山寺背后故事的简要介绍。希望这些故事和传说能够让您对寒山寺的历史和文化有更深入的了解和认识。

### 5.4.7 游记生成

都到旅游景点了，怎么能不发微信朋友圈呢？不知道怎么写微信朋友圈文案？让文心一言来帮助你。

Q 我刚到凤凰古城，拍了几张照片，打算发微信朋友圈，请帮我写一小段微信朋友圈文案。

A 好的，以下是一段可能适合你的微信朋友圈文案。

初探凤凰古城，仿佛穿越千年。漫步在古城的街头巷尾，每一砖每一瓦都诉说着历史的故事。用镜头记录下这独特的美，期待与朋友们分享这古城的韵味。#凤凰古城# #历史韵味# #古城的魅力#

我们也可以让文心一言帮忙转换文案风格，将微信朋友圈文案改写成小红书文案。

Q 我想要将以上文案转换成小红书文案。

A 凤凰古城，让人心动的江南水乡！✨

刚踏入凤凰古城，仿佛就被这个美丽的地方拥抱了！🌈在古城的街头巷尾漫步，仿佛回到了历史上的江南。

沱江两岸的古建筑鳞次栉比，每一座房屋都诉说着它的故事。它们与自然和谐共生，让人感到宁静又舒适。🍃

在这座古城里，我感受到了古老与现代的完美结合。希望你们也可以来到这里，感受这美丽的凤凰古城！#古风摄影# #江南水乡# #旅游# ❤

可以看到，文心一言生成的小红书文案不仅增加了各种表情，还贴心地加上了相关标注。

# 5.5 日常生活小帮手

本节介绍文心一言在生活中有趣的应用方式。

## 5.5.1 私人健身教练

健身有益于健康，但是很多人在健身过程中会遇到缺乏动力、不知道如何安排训练计划等问题。文心一言可以根据用户的身体状况、健身目标和喜好，制订个性化的健身计划，并为用户提供健身知识和技巧。文心一言不仅可以为用户解决健身方面的疑惑，还可以为用户提供持续的健身动力和支持，使用户能够更好地坚持健身，享受健康和幸福的生活。

让我们看看文心一言对健身有什么建议。

我想让我的上肢肌肉线条更美观，请问有什么方法？

要使上肢肌肉线条更美观，你可以遵循以下综合训练方法。

❶ 定期锻炼：每周至少进行3～4次全身训练，重复锻炼相同的肌肉群，逐渐增加训练强度和重量。有针对性地对上肢肌肉进行锻炼，以促进肌肉的生长和线条的塑造。

❷ 合理饮食：良好的饮食习惯对于肌肉的生长和修复是至关重要的。在日常饮食中要合理摄取高质量的蛋白质，如鸡肉、鱼类、牛奶等，以及足够的碳水化合物和脂肪。

❸ 充分休息：肌肉需要足够的休息时间来进行修复和生长。在训练过程中要注意适当休息，以使肌肉有足够的时间进行恢复。

❹ 心肺耐力训练：增加心肺耐力训练，如跑步、游泳等，这能够提高身体的代谢

率，促进脂肪燃烧，进而使肌肉线条更加明显。

⑤ 正确的姿势：在锻炼过程中保持姿势正确，能够有效减少肌肉受伤的风险，并且让肌肉得到更好的锻炼。

⑥ 逐渐增加负重训练：可以增加肌肉的力量和体积，从而使肌肉线条更加突出。

以下是一些针对上肢肌肉的训练方法。

❶ 举手臂：先举起一只手臂，然后手臂往后弯曲，直到往后伸的这只手臂能够触到另一边的肩胛骨为止。

❷ 屈肘举杠铃：坐在椅子上，保持背部挺直，然后将手伸直，把杠铃向上方斜举（没有杠铃的话可以用其他重物代替），然后慢慢屈肘，把杠铃放在脑后的高度，坚持10秒然后恢复到前一个动作。这个动作可以帮助锻炼肱三头肌，让手臂的肌肉变得更加紧实，线条看起来更加流畅。

❸ 双臂转圈：先保持直立的状态，再把双腿打开，和肩膀同宽，然后将放在身体两侧的手臂打开并伸直，此时手掌朝向身体外部。接下来两只手臂都要往前转圈，向前转圈30次之后，再往反方向，也就是向后转圈30次。这个动作能够“甩掉”手臂上多余的脂肪，让手臂的线条变得更美观。

❹ 双手交换交叉：站立，两只脚打开，距离和肩宽相同，然后把手向前方伸直，手掌朝着身体前方，然后把两只手交叉，并且在上方和下方都进行交叉。

最后提醒您不论是什么运动都需要坚持下去才会产生好的结果。祝您锻炼愉快！

除了健身训练，文心一言还可以为你推荐合适的健身器械。

Q 我想在家进行有氧训练，我是买跑步机好还是买划船机好？

在家进行有氧训练时，跑步机和划船机都是很好的选择，具体选哪个可以根据你的个人需求和偏好而定。以下是对两者的比较。

❶ 对膝盖的冲击力：跑步机对于膝盖的冲击力较大，尤其是当减震系统不太好时；划船机对膝盖的冲击力较小。如果你的体重较大或者膝盖受过伤，那么划船机可能更适合你。

❷ 锻炼效率：跑步机主要锻炼下半身，同时也能锻炼心肺功能；划船机则可以调

动身体中80%以上的肌肉参与锻炼，锻炼效率较高。如果你希望全身都得到锻炼，那么划船机可能更适合你。

3. 占地面积：跑步机一般占用较大的空间，而划船机则相对较小，更适合家用。
4. 耗能情况：跑步机需要通电使用，而划船机无须通电，更加节能环保。
5. 学习掌握：划船机上手相对较难，需要学习正确的划船动作；而跑步机操作简单，更容易上手。

综上所述，跑步机和划船机各有优势。具体选择哪个，可以根据你的个人需求和偏好来决定。如果你想锻炼全身且膝盖受过伤，可以选择划船机；如果你只想锻炼下半身且希望操作简单，那么跑步机可能更适合你。

### 5.5.2 售后服务专家

无论是关于产品本身的问题，还是关于售后服务的问题，都可以咨询文心一言。它可以为用户提供详细的产品解决方案和建议，帮助用户更好地使用家居家电产品。

Q 现在你是一名家居家电产品支持专家，你会对我给出的问题提供详细的解答或解决方案。在解答过程中，你需要提供一些示例来帮助我理解。我的问题是水暖毯容易出现什么问题？

A 水暖毯是一种常见的家居家电产品，通常用于在用户睡觉时为其提供舒适的温度和湿度。然而，像其他家电产品一样，水暖毯也可能会出现一些问题。以下是水暖毯容易出现的一些问题和对应的解决方案。

1. 水暖毯不热

·原因：可能是插头没有插好，插头接触不良，控制器或毯体损坏，等等。

·解决方案：首先检查插头是否正常，如果插头没有问题，那么可能是控制器或毯体损坏；在这种情况下，需要联系厂家或专业维修人员进行维修或更换。

2. 水暖毯温度不均匀

·原因：可能是毯体内部的水循环不畅，或者加热器出现故障，等等。

·解决方案：首先检查毯体内部是否有堵塞或漏水的情况，如果存在这些问题，需要清洗或修理毯体；如果毯体没有问题，那么可能是加热器出现故障，需要联系厂家或专业维修人员进行维修或更换。

❸ 水暖毯噪声过大

· 原因：可能是水泵或风扇出现故障，或者是毯体内部有空气没有排出，等等。

· 解决方案：首先检查水泵和风扇是否正常运转，如果它们出现故障，需要清洗或更换；如果水泵和风扇没有问题，那么可能是毯体内部有空气没有排出，可以通过调整水暖毯的角度或将毯体折叠起来等方式排出空气。

❹ 水暖毯无法调整温度

· 原因：可能是控制器出现故障或损坏。

· 解决方案：首先检查控制器是否正常工作，如果控制器出现故障，需要更换或修理；如果控制器没有问题，那么可能是操作不当导致的，可以根据使用说明书重新操作。

以上是水暖毯容易出现的一些问题及对应的解决方案。如果您遇到其他问题无法解决，请联系厂家或专业维修人员进行处理。

## 5.5.3 穿搭灵感来源

穿搭灵感指的是在搭配服装时所需要用到的创意和想法。当你询问文心一言时，它便会给出合理、时尚的穿搭灵感。

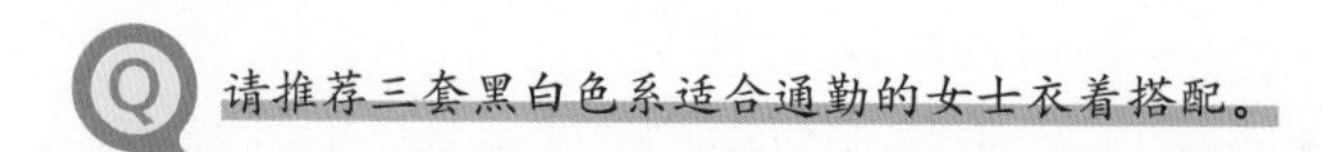


A

黑白色系是一种经典且时尚的颜色组合，适合各种场合，包括通勤。以下是我推荐的三套黑白色系衣着搭配。

第一套：黑色西装搭配白色衬衫

黑色西装是一件非常经典且实用的单品，它不仅适合于各种场合，还非常耐穿，不容易过时。搭配一件白色衬衫，可以增加清新感和明亮度，让西装显得不那么沉闷。这种搭配不仅展现了你的专业素养，还彰显了你的时尚品位。

第二套：黑色连衣裙搭配白色高跟鞋

黑色连衣裙是一件非常适合通勤的单品，因为它可以轻松展现出你的优雅和成熟。选择一款简单的黑色连衣裙，搭配一双白色高跟鞋，可以增加清新感和明亮度，同时还可以让你显得更加窈窕。这种搭配不仅舒适实用，还非常时尚得体。

第三套：黑色阔腿裤搭配白色上衣

黑色阔腿裤是一件非常舒适且实用的单品，它不仅可以修饰身材，还非常适合与其他单品搭配。选择一款黑色阔腿裤，搭配一件白色上衣，可以增加清新感和明亮度，让你的裤装显得不那么沉闷。这种搭配不仅展现了你的专业素养，还彰显了你的时尚品位。

总的来说，以上三套黑白色系女士衣着搭配都非常适合通勤。它们既展现了你的专业素养，又彰显了你的时尚品位。当然，在选择衣着搭配时，还要考虑自己的身材和喜好，选择适合自己的单品和款式才能让你更加自信和美丽。

Q 从现在开始你是我的个人造型师。我会告诉你我的体形和需求，你来为我推荐合适的服装。我的体形和需求：我目前有些胖，肚子比较大，眼下我有一个正式活动要参加，希望你给我推荐一种适合我的西装风格。

A 非常感谢您的信任，我将扮演个人造型师来为您提供建议。考虑到您的体形和活动要求，以下是我为您推荐的西装风格。

1. 宽松剪裁的西装：能够掩饰您的腹部，并让您感觉舒适自在。这种西装注意不要过于宽大，否则会显得不精神。
2. 有弹性的西装：如果您希望在活动中感觉更加自如，可以选择有弹性的西装。这种西装能够适应您的身形，让您更加舒适，同时也不会显得不正式。
3. 双排扣西装：有更多的空间，可以很好地掩饰您的腹部。同时，双排扣西装给人一种更加正式、稳重的感觉，很适合在参与正式活动时穿着。
4. 深色西装：具有收缩的视觉效果，可以让您的身材看起来更加苗条。因此，我建议您选择深色的西装，例如深蓝色或黑色的西装。

除了西装风格，以下是一些搭配建议，可以让您在活动中更加自信和优雅。

1. 衬衫：选择与西装颜色相配的衬衫，可以使整体造型更加协调。如果您想要更加时尚的感觉，可以选择有领带的衬衫。
2. 领带和领结：如果您的西装是正式款式的，可以选择领带或领结来增加整体造型的亮点。但注意不要选择过于花哨的款式，以免与西装的风格不协调。
3. 鞋子：选择皮质或漆皮的皮鞋，可以与西装形成完美的搭配。注意不要选择过于休闲的鞋子，以免破坏整体造型的正式感。

④ 袜子：选择长筒袜或船袜，以避免露出脚踝，从而让整个下半身看起来更加整洁。

最后，为了更好地掩饰您的腹部，我建议您注意以下几点。

① 在活动前多进行锻炼，控制饮食，减少腹部脂肪。

② 在穿西装前，吸气并收紧腹部，这样可以让西装更加贴身。

③ 如果您的西装是坐下来穿的，请注意站起来时及时调整西装的腰部位置，让它贴合腰部线条。

希望以上建议能够帮助您在活动中展现出良好的形象。如果您还有其他需求或疑问，请随时告诉我。

### 5.5.4 日常医护知识

文心一言可以为你解答各种关于医护健康的问题，包括以下几个方面。

**（1）提供基本健康咨询。**文心一言可以回答关于健康、营养、锻炼等方面的基本问题，如如何控制体重等。

**（2）疾病预防与治疗。**文心一言可以提供一些疾病（如哮喘、高血压、糖尿病等）的预防和治疗方案。此外，文心一言还可以提供一些关于医疗用品和药品的建议。

**（3）心理健康咨询。**文心一言可以回答一些与心理健康相关的问题，包括焦虑、抑郁、压力应对等方面。此外，文心一言还可以提供一些有用的技巧和建议，以帮助人们提高心理健康水平。

**（4）寻求帮助。**文心一言可以为那些需要寻求专业医护建议的人提供指引，如哪些医疗机构可以提供更好的医疗服务、哪些专家可以提供更好的帮助等。

Q 你是一名医生。我今天早上醒来，突然眼睛疼，而且反胃，眼珠周边有一些血色的小斑点，这是为什么？

A 你描述的症状可能是多种原因导致的，其中包括偏头痛和眼周血管破裂。

偏头痛可以导致头痛、恶心、呕吐、视觉改变，如看到斑点或光环等。偏头痛可能是由颅内血管收缩导致的，还可能是由眼睛中的血管痉挛或收缩导致的。

此外，眼睛周围的血管破裂也可以导致眼睛疼和出现血色斑点。这可能是血压过高、揉眼睛、眼睛使用过度或受到刺激等原因导致的。

建议你及时到医院进行进一步检查和诊断，以便得到正确的治疗建议。

Q 你现在是一名心理咨询师。目前，公司裁员使我的内心焦躁不安，有什么办法能让我缓解这种情绪？

A 首先，裁员确实是一个令人困扰和不安的事件。以下是一些可能有助于缓解你当前情绪的建议。

1. 接受自己的情绪：首先，你需要意识到自己有这样的情绪反应是正常的，不要把自己封闭起来或者否定自己的情绪，而是要尝试接受并理解自己的情绪。
2. 寻求支持：与亲朋好友分享你的感受，他们可以提供安慰、理解和支持；如果觉得需要，也可以寻求专业的心理咨询师的帮助。
3. 关注个人健康：保持健康的身体和心理状态，合理的饮食、适当的运动、充足的睡眠，都有助于缓解压力和焦虑情绪。
4. 找到解决问题的方法：思考一下自己能做些什么来应对裁员带来的挑战。是否需要寻找新的工作机会？是否需要提升自己的技能？制订一个具体的行动计划，能帮助你获得控制感。
5. 自我关怀：在困难时期，更需要照顾好自己。可以尝试一些自我关怀的活动，如冥想、阅读、散步等。
6. 寻求专业法律咨询：如果你担心裁员可能对你的权益产生影响，可以寻求劳动法律方面的专业咨询，以确保你的权益不受侵害。
7. 保持积极心态：尽可能地从积极的角度看待这段经历。虽然裁员可能带来一些困难，但它也可能是一个机会，能让你重新审视自己的职业规划和发展方向。

记住，你并不孤单，有人愿意倾听和帮助你渡过这个难关。无论何时，都要相信自己有能力应对挑战并拥有更好的未来。

### 5.5.5 人物百科科普

人物百科科普功能主要是为大众提供关于各类人物的基础信息、社会关系、生平、荣誉地位等内容。此功能支持对各类公众人物、历史人物、行业人物等进行查询，例如查询艺人的个人资料、其他公众人物的生平及行业人物所获的荣誉奖项等。通过人物百科科普功能，用户可以全面了解感兴趣的人物，并获得更多有价值的信息。

Q 请简单描述一下李白的生平。

A 李白，号青莲居士，出生于701年，逝世于762年。他出生于四川省江油市的青莲镇，祖籍陇西成纪（现甘肃省秦安县陇城）。李白是其父从中原被贬西域的碎叶城所生的，4岁时迁回四川绵州昌隆县（今四川省江油市）。

李白是我国唐代伟大的浪漫主义诗人，被后人尊称为“诗仙”，与杜甫并称为“李杜”。他的诗歌具有豪迈奔放、清新自然的风格，代表着盛唐文化的繁荣。

李白在725年离开匡山，开始他的游历生涯。他游历了许多地方，包括蜀中、安陆、应山、齐鲁等地。在这个过程中，他结交了许多名流，创作了大量优秀的诗篇。

在742年，李白被召至长安，供奉翰林，成为皇帝的文学侍从。然而，他并未得到满意的职位，加上他纵酒狂放、不拘小节的个性，最终在744年离开了长安。

离开长安后，李白继续他的游历生涯。他曾参加永王李璘的幕府，但因永王与肃宗争夺帝位失败而受到牵累，被流放到夜郎（今贵州境内），途中遇赦。晚年的李白漂泊于东南一带，最终于762年在当涂县令李阳冰处逝世。

## 5.5.6 IT专家

作为IT专家，文心一言可以帮助用户解决各种与计算机相关的问题。

Q 我希望你担任IT专家，你将对我提出的计算机相关问题提供解决方案。你需要尽量避免过多的技术细节。注意使用简单易懂的语言来描述解决方案，而非进一步阐述问题对应的原理。接下来是我的问题：当我的电脑出现蓝屏错误时该如何解决？

A 蓝屏错误通常称为蓝屏死机（Blue Screen of Death，BSOD）。这可能是许多不同的问题导致的，以下是一些常见的解决方案。

❶ 检查硬件：首先，检查硬件是否有任何问题，例如内存条松动或硬盘故障。如果可能的话，尝试使用不同的硬件进行测试，看看问题是否仍然存在。

❷ 更新驱动程序：有时候，计算机的驱动程序可能会过期或存在问题，你可以尝试更新驱动程序，特别是显卡驱动程序，因为它们常常与蓝屏错误有关。

❸ 检查病毒或恶意软件：你的计算机如果感染了病毒或被植入恶意软件，那么可能会引起系统崩溃。你可运行安全软件进行全面扫描以检查是否有任何潜在的威胁。

❹ 检查系统文件：Windows系统文件可能会损坏或丢失，从而导致蓝屏错误，你可以使用系统文件检查工具来检查和修复可能存在的系统文件问题。

❺ 考虑恢复系统或重装系统：如果以上方法都不能解决问题，那么可能需要考虑恢复系统或重装系统。但是在这之前，请确保你已经备份了所有重要的个人文件和数据。

如果以上建议都不能解决你的问题，建议联系专业的技术人员以获取更进一步的帮助。

## 5.6 专业评论生成

文心一言可以根据用户提供的主题或需求，利用已有的数据进行学习并生成新的评论。这个功能可以帮助用户快速生成高质量的评论，提高用户的创作效率。

在使用专业评论生成功能时，用户需要输入主题或者需求，例如电影、音乐、图书等。然后，文心一言会根据输入的主题或需求，从已有的数据中寻找相关的评论，并使用自然语言生成技术生成新的评论。

### 5.6.1 专业影评

文心一言可以根据用户提供的电影主题，从专业角度对电影进行评价和分析。这个功能可以帮助用户了解电影的背景、制作过程、故事情节、演员表演等方面的信息，同时也可以帮助用户更好地欣赏和理解电影。

Q 假如你是电影评论家，请你根据电影《忠犬八公的故事》写一篇影评。你可以从情节和主题、基调、演技和角色、配乐、特效和剪辑、节奏等方面进行评论，强调电影给你的感觉和共鸣点。

A 《忠犬八公的故事》是一部感人至深的电影，讲述了一只名叫八公的秋田犬与其主人上野英三郎之间深厚的情感。影片的情节围绕着人与动物之间的情感联系，以及爱与忠诚的力量展开。

在基调方面，整部电影以温馨、感人的方式呈现了八公与上野英三郎之间的情感故事。

在演技和角色方面，演员们的表现都非常出色。上野英三郎的扮演者仲代达矢和八公的扮演者秋田犬都非常逼真地诠释了自己的角色，能够让观众真正地感受到他们的情感世界。尤其是秋田犬，虽然它不会说话，但是它的眼神和动作却能够传达出深深的情感，让观众为之动容。

在配乐方面，影片的配乐非常出色，能够恰到好处地烘托出每个场景的情感氛围。音乐旋律优美动人，能够深入人心，使观众更加深刻地感受到八公与主人之间的深情厚意。

在特效和剪辑方面，影片的制作非常精良，特效和剪辑手法都非常出色。特别是在表现八公的情感和行为时，特效和剪辑手法都非常细腻，能够让观众真正地感受到八公的情感。

在节奏方面，影片的节奏非常紧凑，情节发展很自然，能够让观众一直保持着观影的兴趣。特别是在八公等待主人的情节中，影片的节奏把握得非常好，能够让观众真正地感受到八公的孤独和等待的煎熬。

总的来说，《忠犬八公的故事》是一部非常感人的电影，它能够让观众真正地感受到人与动物之间的情感联系和爱与忠诚的力量。这部电影让我想起了自己的狗狗，让我深刻地体会到了人与狗之间的那种难以言喻的情感。这部电影值得每一个爱狗人士观看，更值得每一个寻求内心感动的人去品味。

## 5.6.2 无剧透影评

无剧透影评是指在不涉及电影具体情节的情况下，对电影进行评论。这种评论通常包括电影的背景和制作过程、演员表现、导演手法等方面，但不会涉及电影的详细情节，对于那些想要了解电影，却不想知道电影情节的观众有很大的帮助。

为电影《消失的她》写一则无剧透影评。

《消失的她》是一部备受期待的电影，以其神秘的情节和深刻的主题引起了观众的关注。下面，我将从不同的角度对这部电影进行详细的评价。

首先，电影的情节设计十分巧妙，围绕着一位神秘失踪的女主角展开，故事呈现出紧张且悬疑的氛围。导演精心布置了许多线索，使观众在观看过程中不断产生疑问，对失踪女人的命运充满好奇。虽然有些情节可能有些复杂，导致一些观众感到困惑，但整体上，情节的铺陈和转折都非常精彩。

其次，电影的主题深刻且引人深思，探讨了人性中的爱、恐惧、孤独和责任。在失踪女人的故事中，这些主题巧妙地交织在一起，使观众在欣赏剧情的同时，也能从中反思自己的生活和价值观。电影表现了人类在面对未知情况时的恐惧和挣扎，以及在孤独和压力下如何保持对生活的希望和信念。这些主题的深度和普世性，表明《消失的她》不仅仅是一部娱乐电影，更是一部值得思考的艺术作品。

最后，电影的画面、音效和配乐都非常出色。摄影手法充满了艺术感，场景的转换也非常流畅。配乐非常符合电影的氛围，为情节增添了更多的紧张感和神秘感。同时，电影的音效也非常到位，给观众带来了身临其境的感觉。

另外，尽管电影有时候可能会让一些观众感到节奏拖沓或者剪辑混乱，但整体来说，电影的节奏非常紧凑，剪辑也很流畅。同时对话也非常精练，表现了角色的情感和性格。

总的来说，《消失的她》是一部值得一看的电影。它有着引人入胜的情节、深刻的主题、出色的制作质量和演员表现。虽然可能存在一些不足之处，但它的优点完全可以弥补这些不足。我强烈推荐这部电影，相信它会给你带来一次难忘的观影体验。

### 5.6.3 商品评价

文心一言可以帮助用户分享自己的购买经验和反馈，从而帮助其他用户做出更明智的购买决策。

Q 请为一款保温杯写一条5星好评，要求体现保温性能好、外观好看的特点。注意需要强调自身使用感受，内容需超过50字。

A 我使用的一款保温杯，真的让我又惊又喜。这款保温杯来自我喜欢的一个品牌，设计优雅，不论是放在办公桌上还是在户外旅行中，都是绝对的亮点。最让我满意的是它的保温性能，真的超乎我的想象！我曾经在早上出门前把热水倒进去，到下午下班时水仍然保持着适宜的温度，让我在冬日里及时享受到了温暖。而且，它的外观我也非常喜欢，简洁大方，不论男女老少都会喜欢。一句话，这款保温杯绝对值得你拥有，无论是自用还是送人，都是极好的选择！

### 5.6.4 心理专家评论

这个功能可以帮助用户更好地理解和解决自己的心理问题或困惑，或了解心理专家对于某个主题或问题的看法和意见。

Q 你是一名心理专家，请评论年轻人热衷穿衣打扮这件事。

A 年轻人热衷穿衣打扮的现象在社会中引起了广泛关注。从心理学的角度来看，这种现象既有其内在原因，也有一定的社会影响的原因。

首先，年轻人热衷穿衣打扮的背后是他们有着强烈的心理需求。通过关注时尚潮流、选购品牌服饰和设计自己的外在形象，年轻人试图构建一个符合自己想象的自我形象。这种自我形象的构建可以满足他们的自尊心和自信心，并帮助他们表达自己的个性和价值观。同时，穿衣打扮也成了年轻人的一种社交方式，他们通过共享时尚元素和品牌选择来建立社交圈子，表达自己的审美观念。

然而，年轻人热衷穿衣打扮也存在一些问题。过度关注外在形象可能会忽视内在品质的培养，导致“金玉其外，败絮其中”的现象。同时，追逐潮流和名牌也可能会引发攀比心理，导致心理压力和经济负担加重。

针对这一现象，我们应该引导年轻人树立正确的时尚观念，关注内在品质的培养。内在品质包括良好的道德品质、文化素养和健康的生活方式等。这些因素更能决定一个人的价值和影响力，而且不会随时间的推移而改变。因此，我们应该鼓励年轻人多读书、多旅行、多参加社会实践活动，以拓展自己的视野和丰富自己的内心世界。

总之，年轻人热衷穿衣打扮是一种正常的心理需求和社会现象。我们应该正确引导他们树立健康的时尚观念，关注内在品质的培养，成为有内涵、有品质、有社会责任感的人。

## 本章小结

本章主要介绍了文心一言在生活娱乐方面的应用场景，包括模拟人物互动、美食之窗、定制旅游攻略、专业评论生成等。通过学习本章内容，希望读者能够更好地使用文心一言，享受文心一言所带来的乐趣。

## 拓展训练

❶ 请使用文心一言生成一个美食食谱。

❷ 请使用文心一言进行模拟人物对话。

06

CHAPTER 06

# 文心一言的插件

文心一言的插件是为用户提供扩展功能的独立模块，通过插件，用户可以获得更多的功能体验，如自定义命令、自定义输出格式、自定义数据源等。文心一言提供了丰富的插件生态，支持开发者根据自身需求自主开发插件，并将其发布到插件市场中，供其他用户使用。

## 6.1 插件是什么

如果说文心一言是一个智能大脑，那么插件就是文心一言的耳、目、手。插件将文心一言的能力与外部应用相结合，既能丰富大模型的能力和应用场景，也能利用大模型的生成能力完成此前无法单独完成的任务。

### 6.1.1 插件的基本类型

文心一言插件的基本类型有以下3种。

#### 1. 信息增强类插件

这类插件可以帮助用户获取更具时效性和专业性的信息。例如，文心一言接入百度搜索插件，便能够搜索全网的实时信息，此外，还有帮助用户检索专业领域信息的插件，其可用于找房、找车、找法条等。

#### 2. 交互增强类插件

这类插件可以帮助文心一言理解文字、图片、语音等多模态的输入内容，还能帮助文心一言生成思维导图、视频等多模态的输出内容。例如，支持用户上传文档，并基于文档进行问答的插件等。

#### 3. 服务增强类插件

这类插件可以帮助用户自动执行一些常见的任务，例如订机票、发邮件、管理日程、创建调查问卷等；也可以利用大模型的能力，大大提升现有服务体验，例如可以让大模型基于用户的简历和职位信息，生成面试问题，结合ASR/TTS，为用户打造一场逼真而独特的模拟面试。

ASR，英文全称是Automatic Speech Recognition，即自动语音识别，它是一种将人的语音转换为文本的技术。

TTS，英文全称是Text To Speech，即文语转换，又称为计算机语音合成，它和ASR刚好相反，是把计算机中任意出现的文字转换成自然流畅的语音。

### 6.1.2 插件的工作原理

在介绍插件的工作原理之前，先介绍一下关于插件的基本名词。

**（1）Manifest：** Manifest是一种软件，属于AndroidManifest.xml文件。Manifest文件能为Android系统提供应用的基本信息，系统必须获得这些信息才能运行任意应用代码。

**（2）Query：** 在计算机科学中，特别是在数据库管理领域，Query通常指的是对数据库或其他数据源提出的请求，目的是检索、修改或删除数据。例如，SQL（结构化查询语言）中的查询语句就是用来从数据库中检索信息的。

**（3）API：** API是指一些预先定义的函数，目的是为应用程序与开发人员提供基于某软件或硬件访问一组例程的能力，而又无须访问源码或理解内部工作机制的细节。简单来说，API是软件系统不同组成部分衔接的约定。通过API，开发人员可以调用预定义的功能，实现数据的交换、功能的调用等，从而实现不同软件之间的互联互通。

**（4）JSON：** JSON是一种轻量级的数据交换格式。它基于ECMAScript的一个子集，采用完全独立于语言的文本格式来存储和表示数据。这种格式使得数据易于用户阅读和编写，同时也易于机器解析和生成。因此，JSON在Web开发、移动应用开发、API设计等领域有着广泛的应用。

文心一言插件的工作原理分为3个步骤。

**（1）插件注册。** 开发者将插件的Manifest文件注册到文心一言插件库中，校验通过后，文心一言即可使用插件处理用户的Query 。

**（2）插件触发。** 解析调度模块将使用生成的API来调用插件服务。插件服务完成处理后，由文心一言汇总结果并返回JSON数据。

**（3）插件解析。** 文心一言插件系统的触发调度模块将识别用户的Query，并将根据Manifest文件中的插件API和参数的自然语言描述来选择使用哪个插件，以及生成调用插件的 API。

例如，用户在平台上选择天气插件，输入“今天北京的天气怎么样？”模型首先会根据用户意图调用天气插件，并解析Query中的时间（今天）和地点（北京）信息，然后将其以JSON结构输入开发者提供的天气插件API中，获得接口返回的天气信息，经过语言润色后，生成面向用户的回答。

## 6.1.3 开发属于自己的插件

如果想开发属于自己的插件，必须完成以下两个步骤。

### 1. 申请开发者权限

用户若想在文心一言中开发属于自己的插件，必须申请相关权限。

（1）单击文心一言主页右上角的“插件市场”选项（如图6-1所示）。

图 6-1

（2）进入插件市场页面，单击“开发权限申请”按钮（如图6-2所示），根据页面提示填写相关信息，申请相关权限。

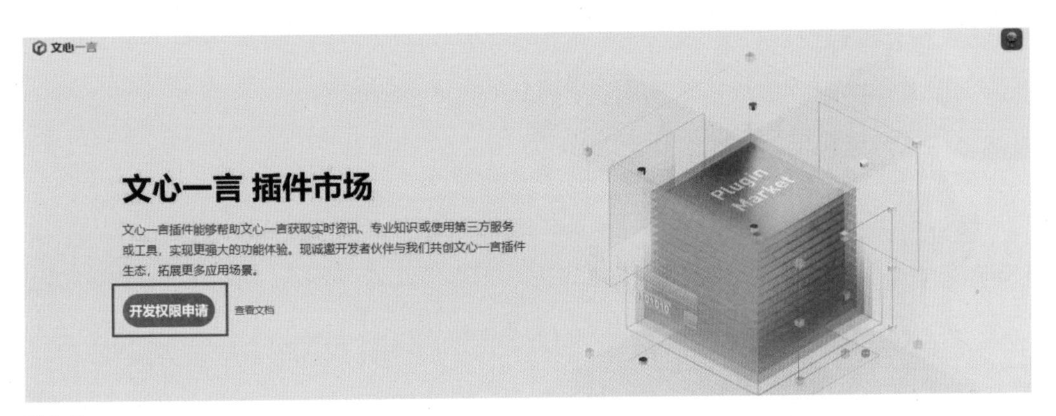


图 6-2

### 2. 从0到1开发插件

如果已经获取文心一言插件开发者权限，那么我们可以开发一个属于自己的插件，核心流程如下。

（1）构思插件的Manifest文件（ai-plugin.json，必选）。

（2）定义插件服务描述文件（openapi.yaml，必选）。

（3）编写示例描述文件（example.yaml，可选，强烈建议选择）。

（4）启动插件服务并对齐描述文件（openapi服务，必选）。

（5）上传配置文件并调试（接入流程，必选）。

（6）发布到插件市场（分享发布，可选）。

下面以一个本地调试插件为例进行说明。

```
yiyan_plugin_demo/        #插件demo注册的根目录
|—.well-known
  |— ai-plugin.json       #插件主描述文件
  |— openapi.yaml         #插件API服务的标准描述文件
|— logo.png               #插件的图标文件
|— demo_server.py         #插件注册服务，可以启动到本地
|— requirements.txt       #启动插件注册服务所依赖的库，要求Python版本在3.7以上
|— readme.md              #说明文件
```

注意：如果macOS这种操作系统解压之后看不到.well-known文件夹，应该是操作系统隐藏了对应前缀的文件，用户可以通过终端查看和修改。

（1）修改.well-known文件夹目录下的ai-plugin.json文件。

```
"name_for_human": "单词本382", ===> 可改成"单词本_zhangsan"或者"单词本_1024",
（平台内全局唯一标识，后缀数字建议长且随机，这样更不容易重名）
"name_for_model": "wordbook_382", ===> 可改成"wordbook_zhangsan"或者
"wordbook_1024"（建议设置有语义信息的英文字符串）
```

（2）启动插件注册服务。

```
pip install -r requirements.txt
python demo_server.py
```

（3）上传插件配置文件。

在文心一言主页中，单击“开发我的插件”选项（如图6-3所示），提交插件信息（如图6-4所示）。

图6-3

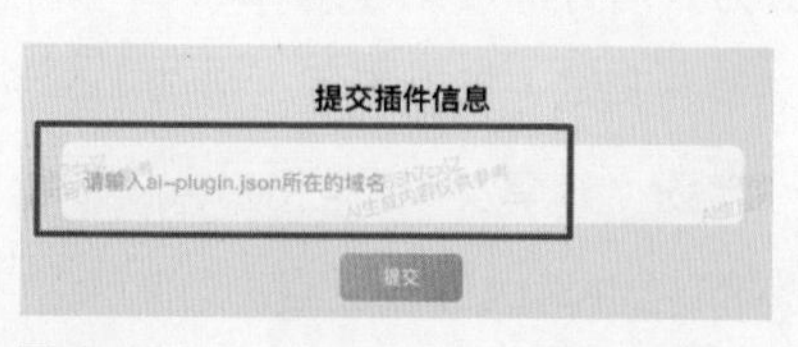


图6-4

提交插件信息后，可以看到提示（如图6-5所示），这说明插件添加成功，如果没有成功，可以通过终端查看和修改。

（4）如果填写的是公网IP，添加成功之后，就可以选择对应的插件（如图6-6所示）。

图 6-5

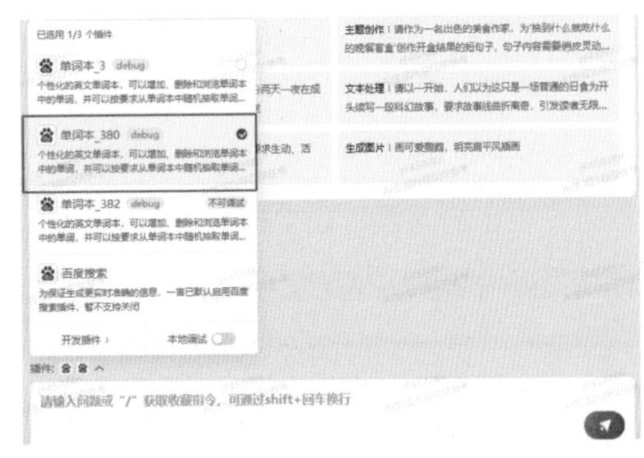

图 6-6

如果填写的是本地IP，添加成功之后，选择插件的时候会弹出本地调试提醒，单击“确认”按钮即可（如图6-7所示）。

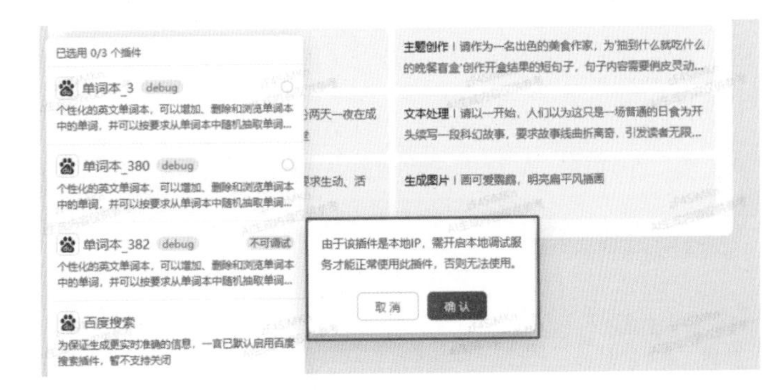

图 6-7

这样就可以顺利调试和使用自己的插件了（如图6-8所示）。

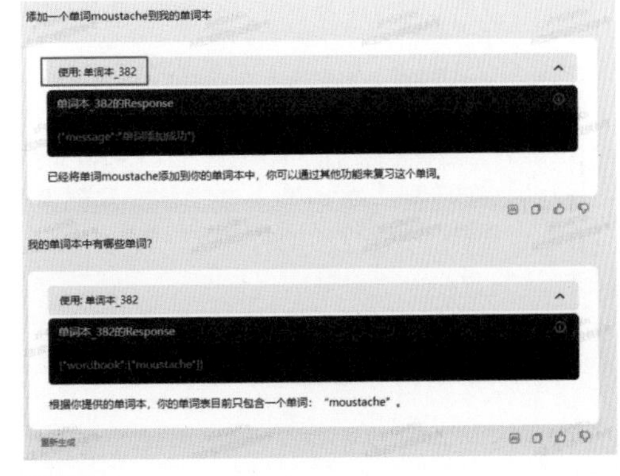

图 6-8

## 6.2 览卷文档

览卷文档插件，英文名为ChatFile，是文心一言中的一个重要插件。这个插件的主要功能是帮助用户基于文档完成各种任务，如生成摘要、回答问题和创作内容。

览卷文档插件可以自动分析文档的内容，并根据用户的需求生成相应的摘要。这些摘要可以帮助用户快速了解文档的主要内容，节省大量的阅读时间。此外，该插件还可以根据用户提出的问题，在文档中搜索相关信息并给出答案。这个功能可以帮助用户快速找到他们需要的信息，避免了烦琐的手动搜索。

另外，览卷文档插件还具有创作功能。用户可以根据文档的内容，利用该插件进行二次创作，比如生成新的文章、故事或者报告等。这个功能可以帮助用户更好地理解和利用文档中的信息，同时也提高了创作效率。

若想使用览卷文档插件，只需单击“选择插件”按钮，然后单击“览卷文档”选项，再上传文档即可（如图6-9所示）。

图 6-9

接下来通过一个案例详细介绍览卷文档插件的功能。

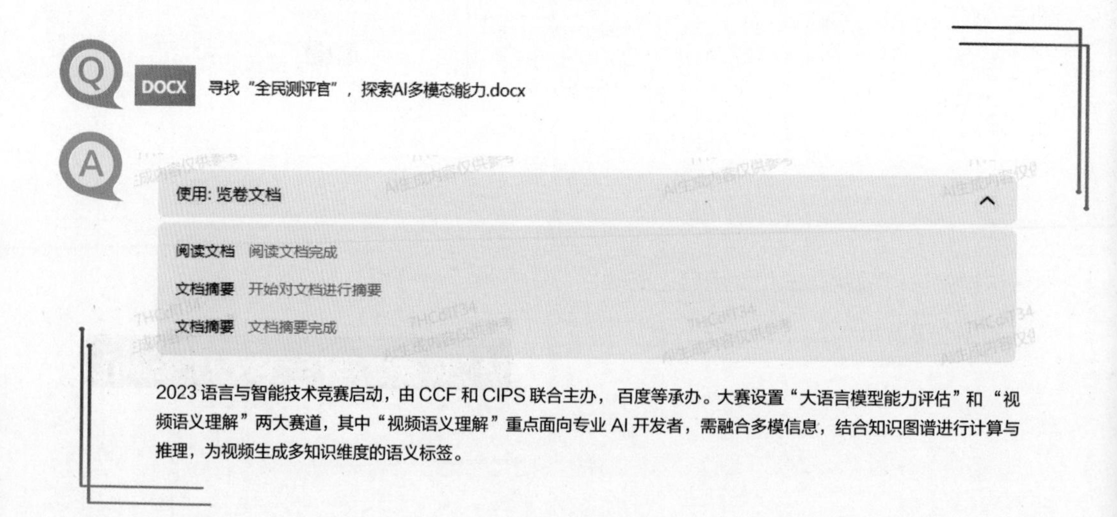


可以看到，上传文档后文心一言会自动帮助用户提炼文档摘要，用户也可以继续向文心一言提问。

Q 语言与智能技术竞赛都包含哪些赛道？

A 语言与智能技术竞赛包含以下赛道。

1. 大语言模型能力评估赛道：重点考查参赛者对于大语言模型的理解和应用能力，包括但不限于大语言模型的原理、技术、应用等方面的知识和技能。
2. 视频语义理解赛道：重点面向专业AI开发者，需融合多模信息，结合知识图谱进行计算与推理，为视频生成多知识维度的语义标签。

以上是语言与智能技术竞赛的主要赛道，仅供参考，具体信息请以官方发布的最新消息为准。

Q 大语言模型能力评估赛道重点考查什么？

A 大语言模型能力评估赛道重点考查参赛者对于大语言模型的理解和应用能力，包括但不限于大语言模型的原理、技术、应用等方面的知识和技能。在这个赛道中，参赛者需要充分掌握大语言模型的基本原理和常用技术，并能够灵活运用这些技术来解决实际问题。同时，参赛者还需要具备一定的创新思维和实践能力，能够独立思考并提出有创意的解决方案。

## 6.3 E言易图

E言易图插件基于Apache Echarts提供数据洞察和图表制作功能。目前，该插件支持多种图表类型，包括柱状图、折线图、饼图、雷达图、散点图、漏斗图和思维导图（树图）等。

通过E言易图插件，用户可以轻松地将原始数据转化为直观、易于理解的图表形式。该插件提供了丰富的图表样式和配色方案，用户可以根据需要进行自定义，以满足不同的视觉需求和数据分析需求。

此外，E言易图插件还提供了多种图表交互功能，如缩放、平移、数据点提示等，帮助用户更好地理解和分析数据。同时，该插件还支持多种数据格式输入，包括CSV、JSON等，方便用户从不同来源获取数据并对其进行可视化。E言易图插件的调用方法参考6.2节。

Q 请根据表格内容，按照下面要求生成散点图。

招生情况：以年份和录取率为坐标轴，散点代表每年的录取率。

假设数据对象：包含热门学校和普通学校的散点，以及包含本科和研究生阶段的散点。

（提示：表格需要点击上传按钮上传。）

| 年份 | 热门学校 | 普通学校 | 本科阶段 | 研究生阶段 |
| --- | --- | --- | --- | --- |
| 2018 | 85.0 | 78.0 | 82.5 | 70.0 |
| 2019 | 88.5 | 82.0 | 85.0 | 73.5 |
| 2020 | 90.2 | 84.5 | 87.0 | 76.0 |
| 2021 | 92.0 | 86.5 | 89.0 | 78.5 |

A 我（文心一言）是百度开发的人工智能模型，通过分析大量公开文本信息进行学习。然而，我所提供的信息可能存在误差。因此这里的内容仅供参考，并不应被视为专业建议。

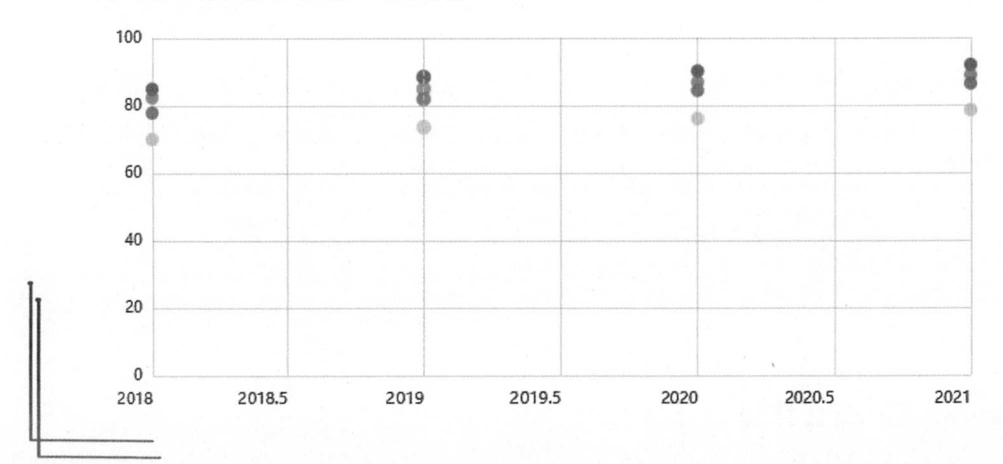


## 6.4 说图解画

说图解画插件是一个功能强大的自然语言处理和图像识别工具，它基于百度大脑的语言理解和图像处理技术，能够帮助用户快速将图像转换为文字。

具体来说，说图解画插件具有以下功能。

**（1）文字转图像：** 用户只需输入一段文字描述，说图解画插件即可自动将文字转换为一张精美的图片。该功能支持生成多种风格和主题的图片，用户可以根据需要进行选择。

**（2）图像转文字：** 说图解画插件还可以将图片转换为文字描述。此外，该插件还支持多种语言，包括中文、英文、日文、韩文等。

**（3）图像识别：** 除了图文转换功能外，说图解画插件还具有强大的图像识别能力。它可以识别图片中的物体、人脸、场景等信息，并为用户提供详细的解释和说明。

说图解画插件的调用方法参考6.2节。

请对下面的图片进行解读，并生成文字描述。

A 根据您提供的图片信息，以下是我为您生成的文字描述。

他在这条荒凉的公路上已经走了很久，这条公路似乎没有尽头。他不知道自己要去哪里，只是想远离人群和城市的喧嚣，享受这份孤独和宁静。

他抬头望向天空，太阳的余晖已经洒满了大地，染红了整片天空。他感到一股温暖的力量从心底升起，仿佛所有的烦恼和忧虑都被这美丽的景色赶走了。

路上只有他一个人，他感到自己仿佛融入了这片景色之中。他感到自己似乎成了这个宇宙的一部分，似乎可以和天地万物交流。

他独自前行，似乎在寻找什么，又似乎只是享受这个寂静的时刻。他感到自己的内心变得更加平静和坚定，仿佛所有的答案都在前方等待着他。

他继续前行着，感受着这份孤独和宁静，享受着这个属于自己和自然的时刻。

Q 请根据图片中的花朵和背景，创作一篇描写自然美景的短文，字数不少于300字。

A 在清晨柔和的阳光下，一枝黄花静静绽放，犹如一位优雅的舞者，在绿色的舞台上独自起舞。那鲜艳的黄色，如同初升的朝阳，照亮了周围的世界，给人带来无尽的温暖与希望。

花朵轻轻摇曳，仿佛在向风儿诉说着什么秘密。每一片花瓣都如诗如画，细腻而生动，暗红色的花心更是点缀得恰到好处，增添了几分神秘与妩媚。它们簇拥成团，散发出淡淡的香气，引来了蝴蝶和蜜蜂的欢快起舞。

而那细长的树枝，则像是黄花的守护者，坚定而温柔地托举着它们。树枝从左下方向右上方延伸，宛如一道自然的弧线，将人们的视线引向了那片模糊的绿色背景。那是一片茂密的丛林，充满了生机与活力，仿佛在诉说着大自然的神奇魅力。

在这宁静而美丽的画面中，人们仿佛能够感受到大自然的呼吸与心跳。那温暖而宁静的感觉，让人心旷神怡，仿佛置身于一个梦幻般的世界。这便是大自然的魅力所在，它用无声的语言，诉说着生命的奇迹与美好。

## 6.5 商业信息查询

商业信息查询插件是一个可以帮助用户快速、准确地获取商业信息的工具。它通过整合公开的商业数据源，提供了多种查询方式，使用户可以方便地获取企业的背景、经营状况、法律风险等信息。

商业信息查询插件的主要功能如下。

**（1）企业背景信息查询：** 用户可以通过输入企业名称或注册号等信息，查询企业的基本工商信息，如注册资本、股东结构、经营范围等。

**（2）企业经营状况查询：** 用户可以查询企业经营状况，如财务状况、营收情况等，以了解企业的经济实力和市场表现。

**（3）企业法律风险查询：**用户可以查询企业的法律诉讼、行政处罚等信息，以便评估企业的法律风险和合规情况。

使用商业信息查询插件的步骤如下。

步骤一：在应用程序中选择商业信息查询插件，输入需要查询的企业信息。

步骤二：选择需要查询的功能，如企业背景信息查询、企业经营状况查询等。

步骤三：获取查询结果，并对其进行分析和评估，以便做出决策或采取相应措施。

Q 请详细介绍一下百度在线网络技术（北京）有限公司。

A 百度在线网络技术（北京）有限公司是一家成立于2000年1月18日的互联网其他信息服务企业，其经营范围包括开发、生产计算机软件，提供相关技术咨询、技术服务、技术培训，承接计算机网络系统工程，货物进出口、技术进出口、代理进出口，设计、制作、代理、发布广告，软件开发，技术开发、技术推广、技术转让，销售自产产品、医疗器械Ⅱ类、电子产品、器件和元件、计算机、软件及辅助设备、灯具、五金交电、自行开发后的产品，计算机系统集成，委托加工生产通信设备，以及销售第三类医疗器械等。该公司的参保人数为7266人，纳税信用等级为A级。

Q 百度在线网络技术（北京）有限公司的注册资本是多少？

A 百度在线网络技术（北京）有限公司的注册资本为4520万美元。

# 6.6 TreeMind树图

TreeMind树图是一个基于人工智能技术的思维导图生成器插件，可以帮助用户快速梳理思路，整理知识，提高工作和学习效率。它具有多种功能，包括支持多种思维导图结构、提供丰富的思维导图模板、支持多种格式的导出、支持云存储和多端同步、支持自动生成思维导图等。使用TreeMind树图，用户可以轻松地创建、编辑和共享思维导图，更好地组织和表达自己的观点。

请以鱼骨图的形式，展示工作计划的关键要素。

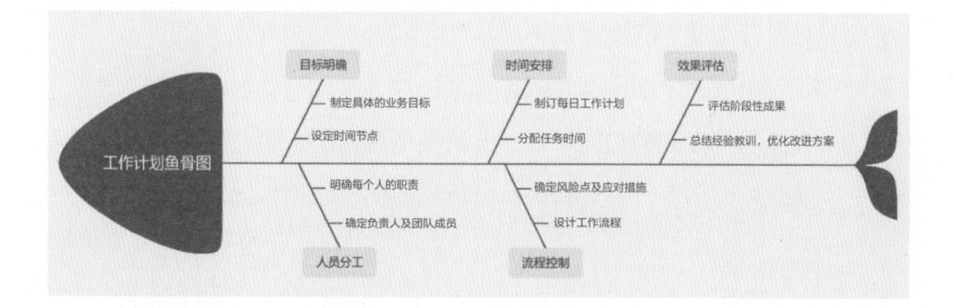


如果觉得这个思维导图还不够完美，或者你的想法需要更自由地表达，单击“编辑”按钮，你便可以对思维导图进行变形、变色、变内容操作，甚至可以为思维导图添加新的元素。

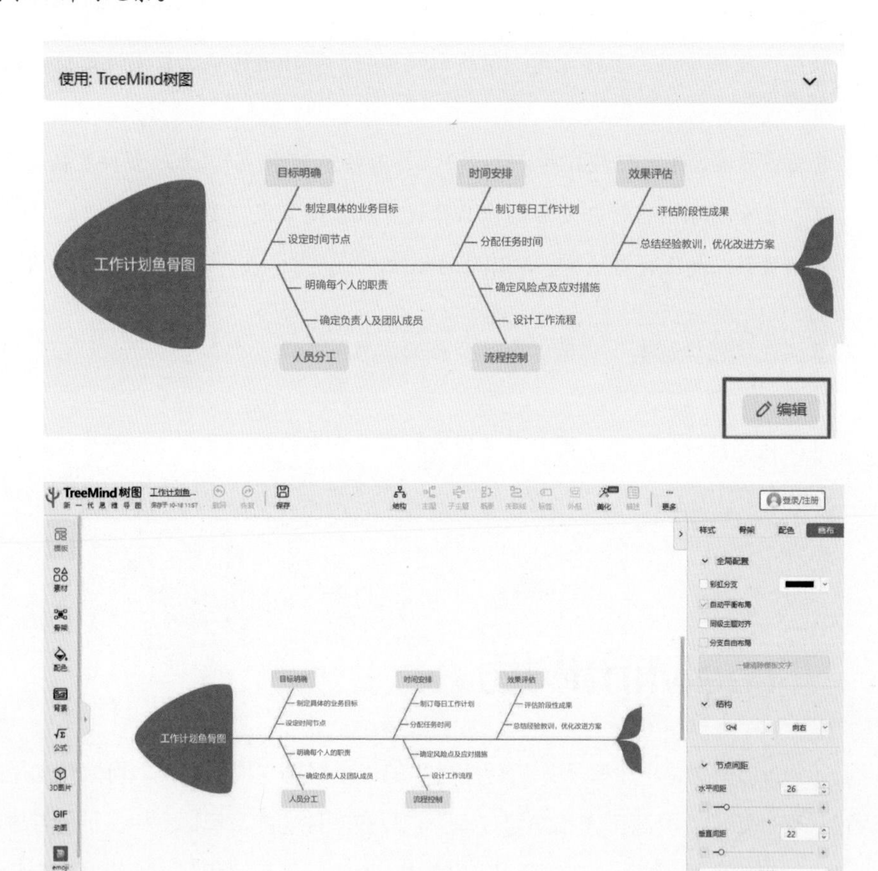

请用树状图展示克里斯托弗·诺兰的电影。

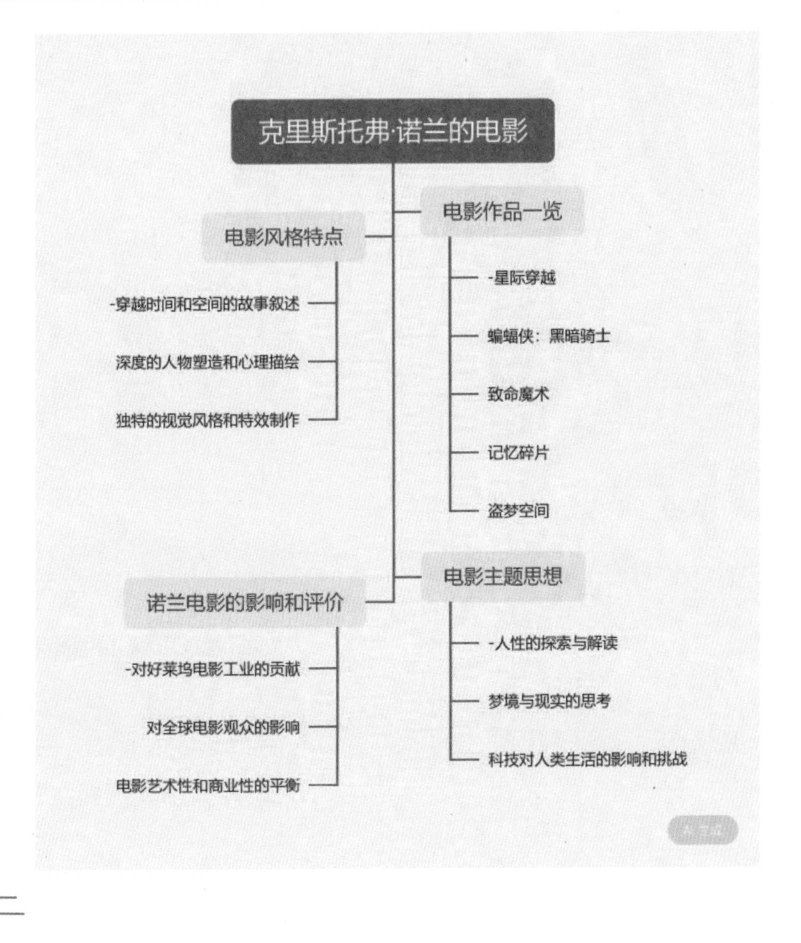


## 本章小结

本章主要介绍了文心一言插件的相关基础知识，帮助读者充分了解文心一言插件的使用方法及使用技巧，内容包括插件的基本类型、插件的工作原理、开发属于自己的插件等。通过学习本章内容，希望读者能够更好地掌握文心一言插件的用法。

## 拓展训练

❶ 请使用文心一言的览卷文档插件完成文档摘要、问答、二次创作等任务。

❷ 请使用TreeMind树图生成一张组织架构图。

# 07

CHAPTER 07

# 文心一言App

文心一言App与文心一言PC端同时上线。App主要针对移动设备的特点进行了优化，提供了更为便捷的创作体验。例如，App的AI绘画功能支持手指绘画，用户可以用手指在屏幕上进行绘画操作。而PC端则提供了更为强大的功能，如AI绘画作品的高级编辑功能、AI文案的批量生成功能等，适合需要进行复杂创作的用户使用。

# 7.1 如何下载及使用App

图 7-1

（1）可以直接在手机自带的应用商城中搜索“文心一言”或者“ERNIE Bot”找到并下载安装包（如图7-1所示），也可以单击文心一言PC端右上角“文心一言App”按钮进行扫码下载（如图7-2所示）。

图 7-2

（2）安装完成后，打开App并注册百度账号。如果已经有百度账号，可以直接登录（如图7-3所示）。

（3）登录后，可以发现App的主界面与PC端相比更为简洁，且更适合移动端（如图7-4所示），点击下方输入框便可以直接输入问题。

（4）点击或左滑主界面左上角的“AI”按钮，便可进入历史对话记录。在历史对话记录中，用户可以查找到所有的对话记录，其中包括PC端的对话记录（如图7-5所示）。

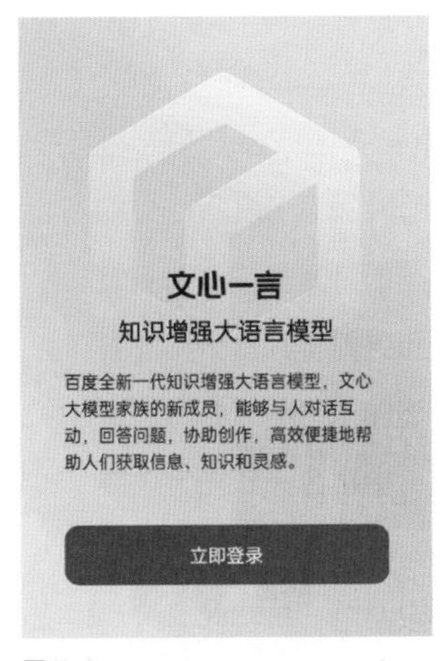


图 7-3

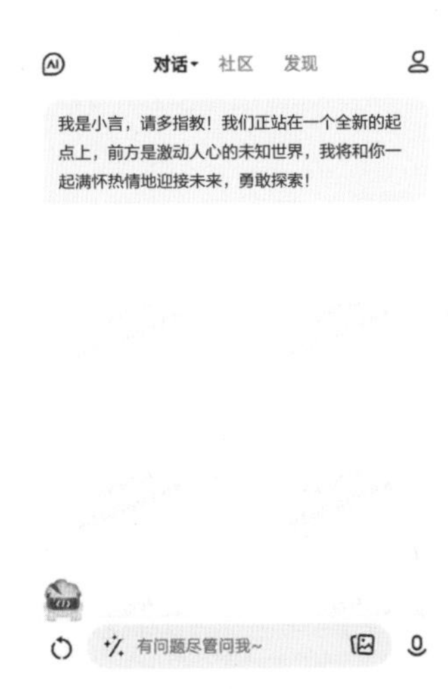


图 7-4

图 7-5

## 7.2 语音输入，让你的学习更高效

文心一言App最大的亮点之一就是支持用户语音输入。点击输入框右侧的麦克风按钮（如图7-6所示），并对着手机说出想表达的内容，它就可以快速准确地识别出你的语音，并将其转化为文字，对于打字较慢的用户非常友好（如图7-7所示）。

有问题尽管问我~

图 7-6

图 7-7

## 7.3 图片上传自动解析

图片上传功能与PC端的说图解画功能有些类似，同样也是上传图片，让文心一言进行图片解析。不过与PC端不同的是，在App中上传图片的同时还能提出需求（如图7-8所示），相较于PC端上传图片后直接自动解析，App更为人性化，也更为便捷。

当你对于眼前的事物或者景色有所感慨时，也可以使用拍照功能拍下来，将照片交给文心一言进行自动解析（如图7-9所示）。

图 7-8

图 7-9

接下来一起来看看文心一言App图片解析功能的应用。

请根据图片信息，描述这家便利店的特点及其对周边环境的影响。

根据您提供的图片信息，这家便利店的特点可以总结如下。

❶ 便利店位于夜幕下的城市环境中，周围的建筑物和街道清晰可见。在夜晚，这家便利店发射出一道独特的亮光，为城市营造宁静的氛围。

❷ 便利店的灯光柔和而温暖，这种温馨的氛围让人感到舒适。同时，这家便利店的招牌也很显眼，有着清晰的字体和鲜艳的颜色，易于识别。

❸ 便利店内售卖的商品种类非常丰富，有饮料、食品等。人们可以在这里轻松地找到所需的各种商品，非常方便。这家便利店满足了人们不同的购物需求。

❹ 便利店的地理位置非常优越，紧邻街道和人行道，交通十分方便。对于行人和骑车的人来说，这家便利店为他们提供了一个方便的购物场所，避免了需要进入大型超市或者排长队购物的麻烦。

至于对周边环境的影响，可以说这家便利店的出现为周围居民带来了许多好处。

❶ 满足了周围居民的购物需求，他们可以在晚上或者急需时快速买到所需的商品，这提高了他们的生活质量。

❷ 给当地经济带来了积极的影响。便利店的存在吸引了更多的人来到这个地区，促进了当地商业的发展和经济的繁荣。

❸ 便利店的灯光也改善了夜晚的街道环境，让它变得更加明亮和安全。这对于周围的居民和路人都是一种很好的保障。

## 7.4 分享和交流：App社区

文心一言App的另一个亮点是App社区——一个交流平台，用户可以在这里分享自己的看法、作品、经验、心得等，同时也可以与其他用户进行交流、讨论和互动。通过社区，用户可以更好地了解和使用文心一言所提供的功能，同时也可以与其他用户建立联系，共同探讨更多话题。

### 7.4.1 将AI对话作品分享到社区

将AI对话作品分享到社区分为以下几步。

（1）先进入社区，点击右下角的加号按钮，进行分享（如图7-10所示）。

（2）点击想要发布的历史对话，并选择需要分享的内容（如图7-11所示）。

图 7-10　　图 7-11

（3）添加内容标题和正文，然后点击“立即生成”按钮生成AI封面，点击“发布”按钮就能分享自己的AI对话作品了（如图7-12所示）。

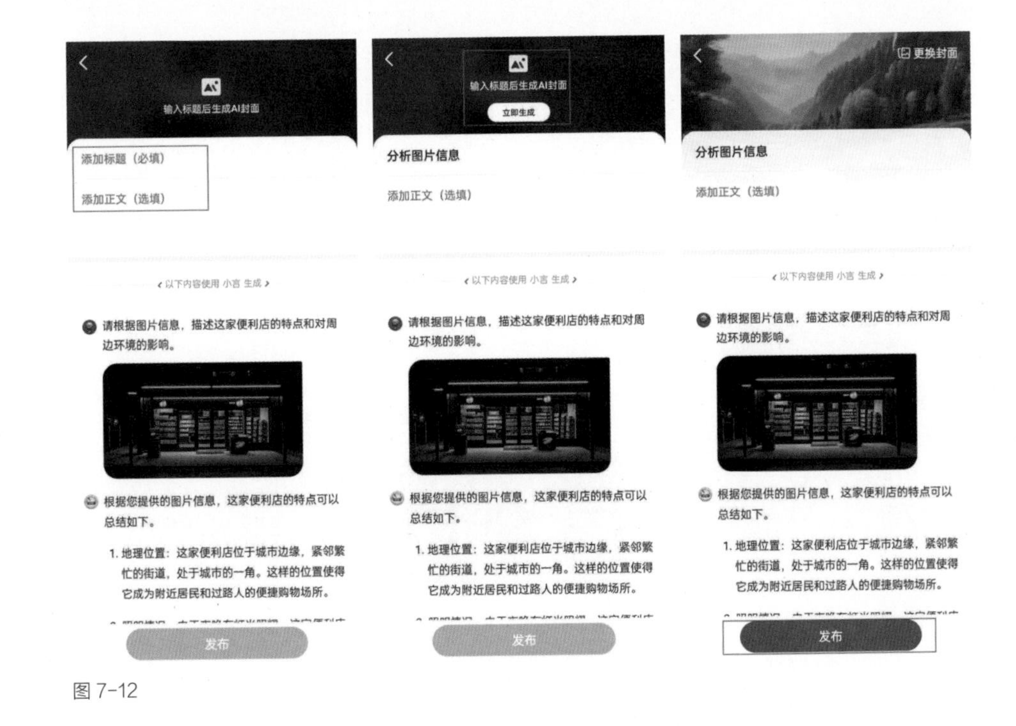


图 7-12

要是觉得生成的AI封面与内容不符，可以点击右上角的“更换封面”按钮，只需重新输入关键词即可生成新的封面，也可以用手机相册中的图片进行替换（如图7-13所示）。

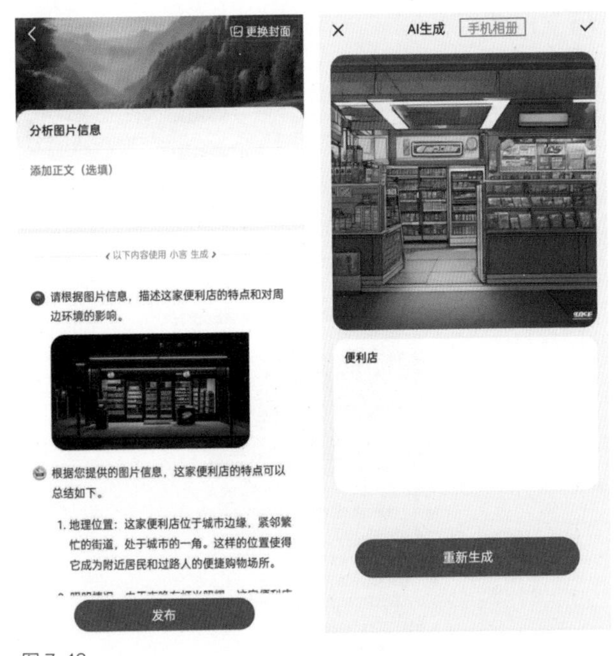


图 7-13

（4）发布后，对话作品就会出现在用户的个人主页中（如图7-14所示）；通过平台审核之后，该作品就会发布到社区中。这样，分享作品的整个流程就结束了。

还有另外一种方法：长按需要分享的对话作品，点击“分享”按钮，然后在界面中点击“分享到社区”按钮，重复上面的步骤（3）和步骤（4）同样可以完成分享（如图7-15所示）。

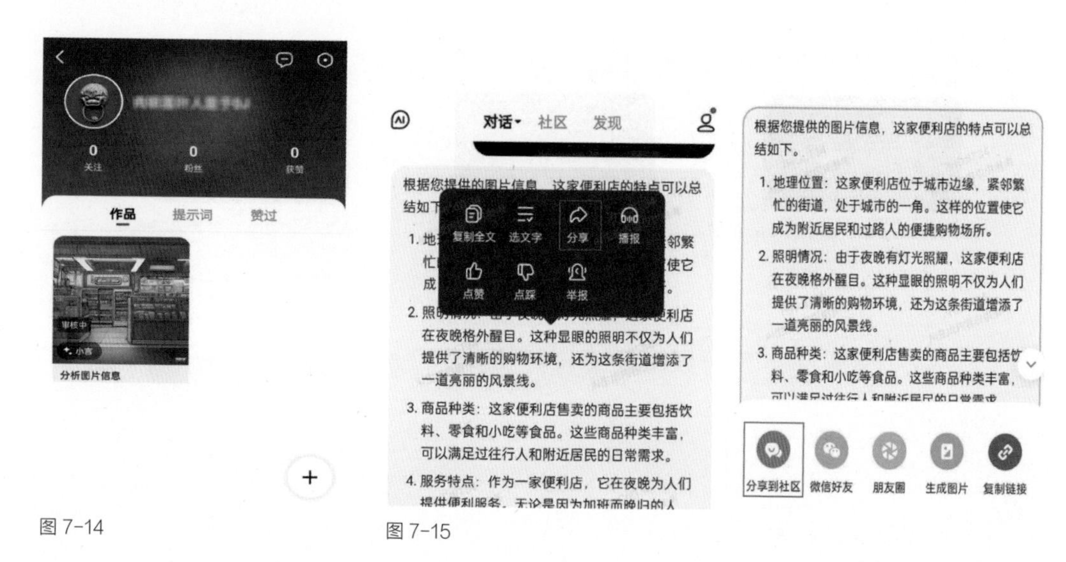


图7-14

图7-15

## 7.4.2 生成图片分享

与文心一言交流时，用户若想将有趣的对话分享给朋友，在PC端只能截屏或复制文字。然而，截屏只能截取部分内容，需要多次操作；复制文字则显得单调乏味。幸运的是，文心一言App提供了生成图片分享功能，能保存整个对话，既克服了截屏的局限性，又增加了分享的乐趣，十分便捷。

生成图片分享的操作过程也十分简单，只需长按想要分享的对话记录，点击“分享”按钮，再点击“生成图片”按钮即可（如图7-16所示）。

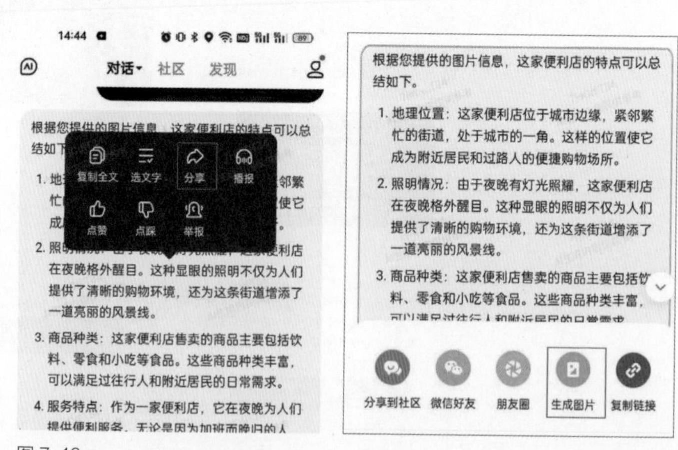


图7-16

生成图片后，你可以直接将其分享给微信好友、发布到朋友圈或者保存到相册（如图7-17所示）。

来看看分享给微信好友的效果吧（如图7-18所示）。

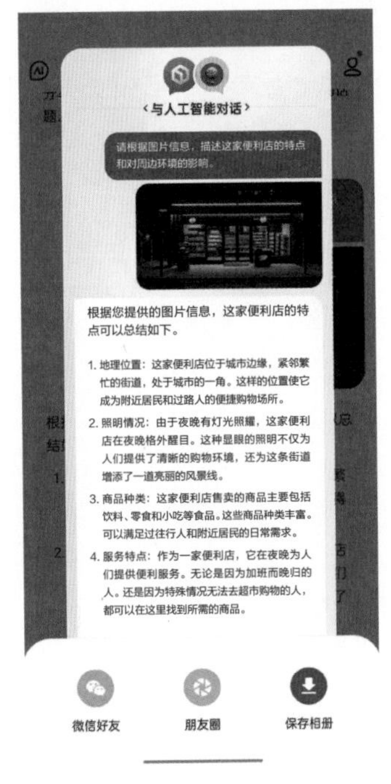


图 7-17

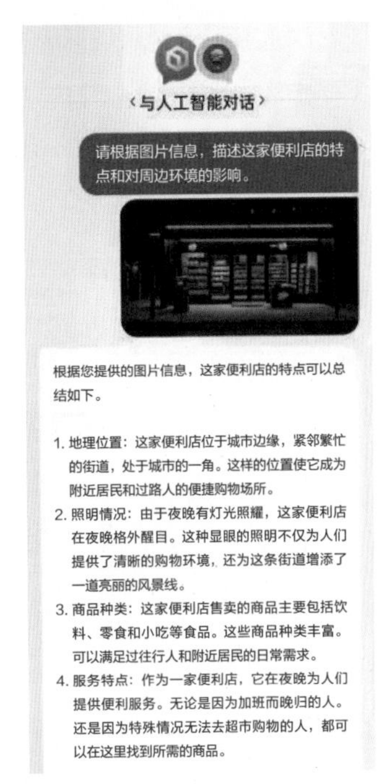


图 7-18

## 7.5 发现：各式模板工具琳琅满目

文心一言App的“发现”是一个功能模块，它提供了一系列的功能和模板，旨在帮助用户更好地探索和使用文心一言App。具体来说，“发现”模块包括以下几个方面。

**1.技能提升技巧：**在这里，你可以找到许多有关技能提升的技巧，包括写作、阅读、沟通等方面的技巧，可以帮助你更好地发掘自己的潜力。

**2.实用工具：**文心一言App提供了一些实用的工具，如语音输入、翻译、词典等，这些工具可以帮助你更快地完成一些任务，提高你的效率。

**3.娱乐休闲：**在“发现”模块中，你还可以找到一些娱乐性的内容，如笑话、音乐、视频等，这些内容可以帮助你放松身心，缓解压力。

### 7.5.1 热门模块

热门模块一般是根据用户的访问、使用数据来定义的，能够反映用户的兴趣和需求。例如，在文心一言App中，热门模块指的是在一段时间内，被访问、使用次数最多的模块，这些模块因为受到用户的关注和喜爱，所以被更多的人使用，从而成为热门模块。下面介绍文心一言App中的几个热门模块。

### 1. 看图写诗小助手

看图写诗，顾名思义就是上传图片后，文心一言App能够根据所提供的图片写诗，只需告诉它诗的体裁即可（如图7-19所示）。

看图写诗小助手

16:09

五言律诗

钟表无穷时，思念独寻觅。

时间匆匆过，人意惨戚戚。

寻觅无踪影，等待成空虚。

冷风摧身心，孤独任所之。

图7-19

### 2. Excel公式生成

Excel公式生成模块可以帮助用户快速生成Excel公式，提高工作效率。

简单来说，它可以根据用户输入的数据和需求，自动生成相应的Excel公式。用户就不需要手动去编写复杂的公式了，大大提高了工作效率。无论是要做数据分析、报表制作还是其他与Excel相关的工作，这个功能都能为用户提供很大的帮助。

需要注意的是，文心一言App生成的Excel公式仅供参考，用户在使用时需要确保公式的正确性和适用性。

例如，让文心一言App求平均值，它能详细介绍求平均值的步骤和一些注意事项（如图7-20所示）。

Excel公式生成

‹ 我们来聊点新的内容吧 ›

16:19

求平均值

如果您需要在 Excel 中计算一列或一行的平均值，可以使用 AVERAGE 函数。以下是编写该公式的步骤。

1. 打开 Excel 并打开你的工作簿。

2. 选择你想要计算平均值的单元格。例如，如果你想要计算 A 列的平均值，那么你只需要选择 A 列。如果你想要计算 B2 到 B10 这 9 个单元格的平均值，那么你需要选择 B2 到 B10 这些单元格。

3. 在选中的单元格上方或下方的空白单元格中输入以下公式。

=AVERAGE( 你的单元格范围 )

例如，如果你要计算 A 列的平均值，你应该输入 =AVERAGE(A:A)。如果你想要计算 B2 到 B10 的平均值，你应该输入 =AVERAGE(B2:B10)。

4. 按 Enter 键。Excel 将会计算所选单元格中数据的平均值，并在空白的单元格中将其显示出来。

注意：如果您的单元格中有任何非数字的值（例如文本或空单元格），AVERAGE 函数将忽略这些值。只有数字才会被计算在内。

输入你的公式功能

图7-20

### 3. 论文参考

论文参考也是文心一言App中比较热门的模块。用户可以在文心一言App中输入需要查找的论文主题或关键词，文心一言App会自动搜索相关的论文资源，并为用户提供符合要求的参考文献列表。用户可以根据自己的需要，选择相应的参考文献，并将其添加到自己的论文中。点击论文参考模块后直接输入论文主题，文心一言App就能帮助用户生成论文参考内容（如图7-21所示）。

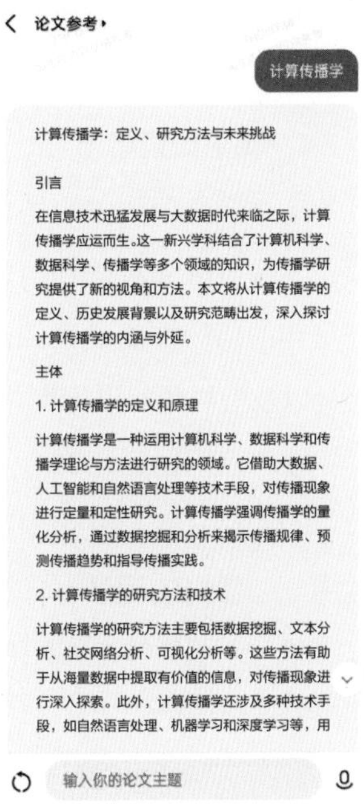

< 论文参考

计算传播学

计算传播学：定义、研究方法与未来挑战

引言

在信息技术迅猛发展与大数据时代来临之际，计算传播学应运而生。这一新兴学科结合了计算机科学、数据科学、传播学等多个领域的知识，为传播学研究提供了新的视角和方法。本文将从计算传播学的定义、历史发展背景以及研究范畴出发，深入探讨计算传播学的内涵与外延。

主体

1. 计算传播学的定义和原理

计算传播学是一种运用计算机科学、数据科学和传播学理论与方法进行研究的领域。它借助大数据、人工智能和自然语言处理等技术手段，对传播现象进行定量和定性研究。计算传播学强调传播学的量化分析，通过数据挖掘和分析来揭示传播规律、预测传播趋势和指导传播实践。

2. 计算传播学的研究方法和技术

计算传播学的研究方法主要包括数据挖掘、文本分析、社交网络分析、可视化分析等。这些方法有助于从海量数据中提取有价值的信息，对传播现象进行深入探索。此外，计算传播学还涉及多种技术手段，如自然语言处理、机器学习和深度学习等，用

输入你的论文主题

图 7-21

## 7.5.2 角色代入模板

角色代入模板允许用户扮演特定的角色或进入虚拟的场景，例如扮演一个顾客或销售员或者进入一个虚拟的公司环境。文心一言App中的角色代入模板能提供以下几点帮助。

**（1）提高沟通和交流能力：** 通过模拟不同的角色和进入不同的虚拟场景，用户可以更好地理解和应对不同的社交场景和人际关系，提高沟通和交流能力。

**（2）增强情感体验：** 角色代入模板可以让用户身临其境般地体验不同的情感和情境，增强情感体验，更好地理解和应对他人的需求和期望。

**（3）促进自我认知发展：** 通过扮演不同的角色，用户可以更好地了解自己的性格、价值观和行为方式，从而促进自我认知发展。

**（4）增进人际关系：** 角色代入模板可以帮助用户更好地理解他人的需求和期望，增进人际关系和提升沟通效果，避免误解和冲突。

**（5）便捷易用：** 文心一言App中的角色代入模板提供了预设的角色和场景模板，用户只需选择相应的模板即可进行模拟和演练，无须进行复杂的设置和操作。

需要注意的是，角色代入模板只是一种模拟和演示，不能完全代替真实的沟通和交流。用户在使用时需要保持理性和客观，避免过度沉浸或偏离实际情况。

下面是几个常见的示例。

### 1. 英语口语老师

文心一言App中的角色代入模板可以模拟英语口语老师，为用户提供英语口语教学和辅导。这个模板的主要任务是帮助用户提高英语口语表达能力，纠正发音和语法错误，以及指导用户进行有效的口语练习。

用户使用语音和文心一言App练习口语时，可以先从简单的对话开始，逐步提高难度。在练习时，用户可以先运用一些常见的话题，如个人介绍、家庭、朋友、兴趣爱好、学习、工作等（如图7-22所示）。文心一言App可为用户提供个性化的学习体验和真实对话场景。

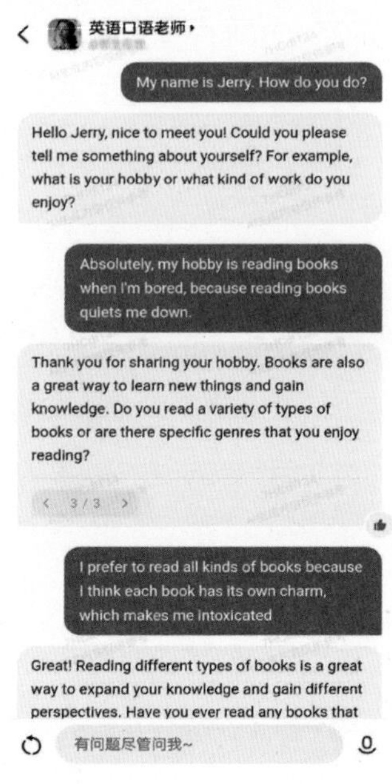


图 7-22

### 2. 心理咨询师

心理咨询师模板能协助用户解决各类心理问题。寻求心理咨询的人群主要是健康人群或存在心理问题的人群。健康人群会面临家庭、择业、求学、社会适应等方面的问题（如图7-23所示），他们会期待自己做出理想的选择，顺利地度过人生的各个阶段，求得自身能力最大限度的发挥和寻求良好的生活质量。所以心理咨询师模板也是最受欢迎的模板之一。

### 3. 笑话大王

用户感到烦躁和压抑时，不妨体验一下笑话大王模板（如图7-24所示），它可以为用户讲笑话，也可以和用户探讨人生哲理。

图 7-23　　图 7-24

## 7.5.3 职场模板

在职场中，我们每天都需要处理大量的文件和任务，如文档、报告和邮件等。职场模板可以让我们在处理相似任务时，快速生成规范化的文件，避免从头开始创建，帮助我们节省时间和精力，提高工作效率。

此外，职场模板还可以帮助我们更好地组织和传达信息，提高工作效率。

以下是职场中较为常见的几个模板示例。

### 1. PPT大纲生成

进入PPT大纲生成模板中，只需直接输入主题，它就会为用户提供一份PPT大纲（如图7-25所示）。

### 2. KPI生成器

KPI生成器是一种可以生成关键绩效指标（KPI）的工具（如图7-26所示）。KPI是用来衡量团队表现和工作进展的指标，如开发进度、代码质量、用户满意度等。KPI生成器可以根据业务需求和团队目标，自动生成KPI，并提供可视化的仪表板，使开发团队更轻松地理解这些指标，并更快地实现业务目标。

图 7-25　　图 7-26

### 3. 调研问卷

调研问卷是一种用于收集数据的工具，它是一系列问题的集合，旨在从目标受众那里获取特定信息。这些问题通常被设计为封闭式和开放式问题，以便收集定量和定性数据。

调研问卷可以用于多种目的，如了解目标受众的偏好、态度、行为、意见和看法（如

图7-27所示）。它们可以用于市场研究、社会调查、学术研究、满意度调查等各种领域。

设计调研问卷时需要考虑问题的清晰度、准确性、中立性和敏感性；还需要确定适当的样本大小和分析方法，以确保收集到的数据具有代表性和可靠性。

一旦收集到数据，就可以对其进行分析和解释，以得出有关目标受众的结论和建议。这些结论和建议可以用于制定营销策略、改进产品或服务、开展研究等。

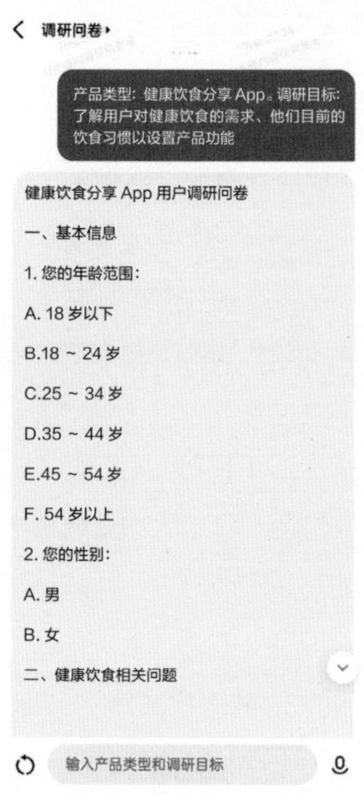

调研问卷

产品类型：健康饮食分享 App。调研目标：了解用户对健康饮食的需求、他们目前的饮食习惯以设置产品功能

健康饮食分享 App 用户调研问卷

一、基本信息

1. 您的年龄范围：

A. 18 岁以下

B.18 ~ 24 岁

C.25 ~ 34 岁

D.35 ~ 44 岁

E.45 ~ 54 岁

F. 54 岁以上

2. 您的性别：

A. 男

B. 女

二、健康饮食相关问题

输入产品类型和调研目标

图 7-27

## 7.5.4 学习模板

文心一言App的学习模板可以帮助用户找到适合自己的学习资源和学习方式，还可以为用户提供学习效果评估方法，如练习、模拟考试等，让用户了解自己的学习情况和不足之处，及时调整学习计划和方法。

以下是几个常见的模板示例。

### 1. 英语词汇学习

文心一言App的英语词汇学习模板可以帮助用户扩大词汇量，提高英语阅读和写作能力，还可以提供英语单词的学习资源、教授记忆方法、设计练习和测试等（如图7-28所示）。

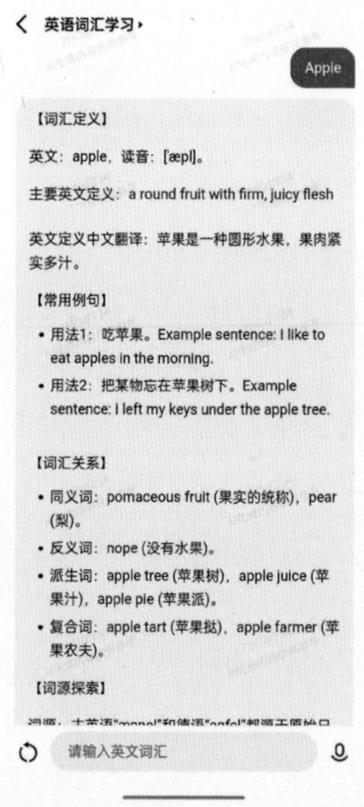

英语词汇学习

Apple

【词汇定义】

英文：apple，读音：[æpl]。

主要英文定义：a round fruit with firm, juicy flesh

英文定义中文翻译：苹果是一种圆形水果，果肉紧实多汁。

【常用例句】

- 用法1：吃苹果。Example sentence: I like to eat apples in the morning.
- 用法2：把某物忘在苹果树下。Example sentence: I left my keys under the apple tree.

【词汇关系】

- 同义词：pomaceous fruit (果实的统称)，pear (梨)。
- 反义词：nope (没有水果)。
- 派生词：apple tree (苹果树)，apple juice (苹果汁)，apple pie (苹果派)。
- 复合词：apple tart (苹果挞)，apple farmer (苹果农夫)。

【词源探索】

请输入英文词汇

图 7-28

### 2. 考试复习助手

文心一言App的考试复习助手模板可以根据科目的考试大纲和要求，为用户提供知识梳理和重点归纳服务，帮助用户更好地理解和掌握考试内容，还可以提供考试科目的模拟练习，如模拟试卷、模拟题等。这些练习可以帮助用户检测自己的学习效果，找出不足之处，及时调整学习计划和方法（如图7-29所示）。

只需在输入框中输入想要复习的知识点或者书籍名称，文心一言App就能生成需要复习的重点内容和模拟题。



图 7-29

## 7.5.5 AI绘画模板

虽然文心一言App主要是一种以文本处理为主的AI工具，但其在AI绘画方面的表现也是非常出色的。以下是几个具体案例。

### 1. 真实风格绘画

这是一款以真实风格为主要基调的绘画模板，它能根据关键词为用户生成一幅绘画作品（如图7-30所示）。

### 2. 自由画板

自由画板，顾名思义就是用户想让文心一言App生成什么样的绘画作品，它都能尽力做到（如图7-31所示）。

图 7-30

图 7-31

## 7.5.6 创作模板

创作模板可以为用户提供写作指导和建议、写作素材和资源、写作练习和反馈、写作交流和互动平台，以及个性化的写作建议等多方面的帮助，从而帮助用户更好地进行写作，提高写作质量和效率。

以下是几个常见的模板示例。

**1. 故事创作**

故事创作模板可以帮助用户轻松地创作出故事。只需给它一个关键词，它就能创作出有创意、引人入胜的故事（如图7-32所示）。

**2. 教育剧本创作**

在教育剧本创作模板中，用户可以基于一个成语故事生成一部有趣的短剧，辅助创意教学，并通过讨论来提高学生的理解和思考能力（如图7-33所示）。

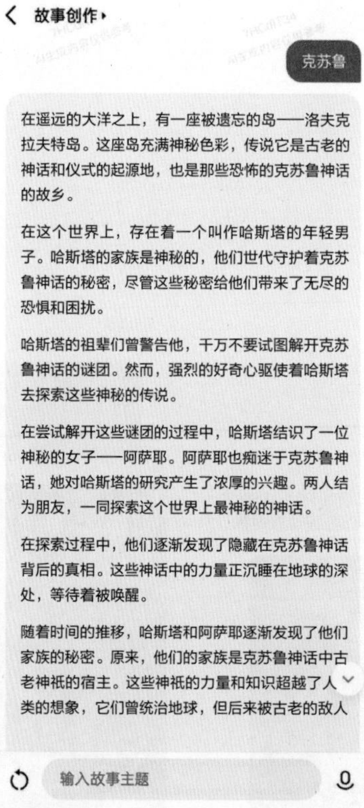

图7-32

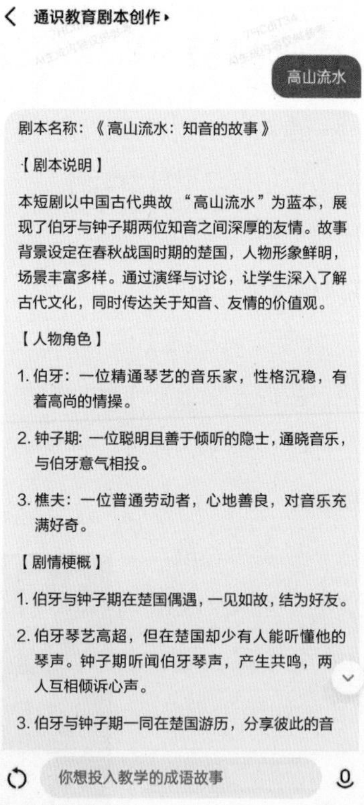

图7-33

## 7.5.7 生活模板

文心一言App的生活模板是用户生活中的小助手，以下是几个案例。

### 1. 居家常识

当你不知道如何处理厨房油污、如何收纳衣服时，不妨问问文心一言App，它能给你满意的答案（如图7-34所示）。

### 2. 厨神指南

文心一言App可以帮你巧妙地搭配食材，让你家中的食材发挥出最大的营养价值（如图7-35所示）。

图7-34　　图7-35

## 7.5.8 娱乐模板

休闲娱乐是人们生活中不可或缺的一部分。随着技术的不断发展，文心一言App这种先进的语言处理模型正在逐渐融入人们日常休闲娱乐的各个方面。

### 1. 反套路回答

不论是在职场中还是在日常生活中，如果你都容易被别人一句话套路，那么让文心一言App来为你提供反套路回答，它会以不一样的角度来看待问题（如图7-36所示）。

### 2. 对穿肠

对自己诗词底蕴十分有自信的话，不如和文心一言App对对子吧，你出上联，它能快速对出下联（如图7-37所示）。

图7-36

图7-37

## 7.5.9 情感模板

文心一言App的情感模板可以根据用户的情感需求和问题，为用户提供情感支持和安慰。这有助于用户更好地应对情感困扰和挫折，缓解心理压力。文心一言App的情感模板还可以根据用户的情感状况和行为表现，为用户提供情感建议。这有助于用户更好地了解自己的情感状态和问题，找到合适的解决方法。

### 1. 情绪加油站

在这个快节奏的时代，我们的情绪就像一辆汽车，需要不断地加油和保养，才能在生活的道路上平稳前行。用户只需输入今日心情，文心一言App就能根据用户的心情生成对应的文案、书籍和电影（如图7-38所示）。



图7-38

### 2. 高情商回复

在人际交往中，一个高情商的人能够敏锐地洞察他人的情感需求，以恰当的方式回应对方，从而建立起良好的人际关系。只需输入遇到的问题，文心一言App就能为你提供高情商回复（如图7-39所示）。

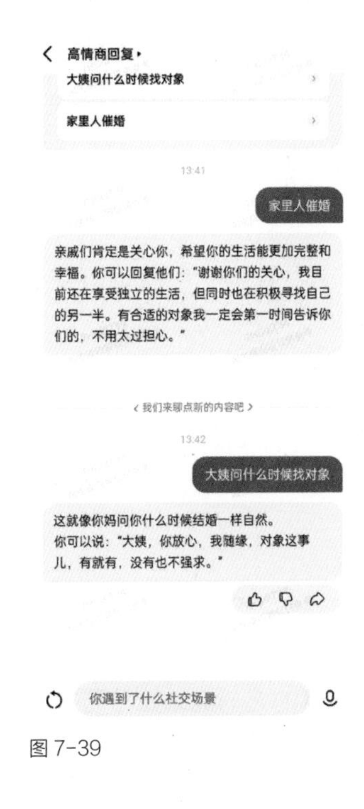


图 7-39

# 7.6 基础设置内容详解

随着科技的不断发展，我们的生活已经离不开各种手机App。文心一言App作为一款智能助手App，其基础设置关乎我们的使用体验和信息安全。本节将详细介绍文心一言App的基础设置内容和作用，帮助读者更好地使用和管理这款App。

## 7.6.1 账号管理

文心一言App账号管理主要包括账号申诉、账号冻结、账号注销等方面。通过正确地注册文心一言App账号，用户可以享受更为完整和个性化的服务。同时，为了保障用户的账号安全，文心一言App提供了多种安全措施，如密码保护、短信验证等。了解并正确使用这些账号管理功能，将为用户使用文心一言App带来便利和安全保障。

### 1. 账号申诉

当用户无法正常登录、手机停用、需要修改实名信息、忘记密码时，就可以使用账号申诉功能。账号申诉有以下几个流程。

（1）填写需要申诉的账号。

（2）填写目前可用于联系的手机号码，文心一言App会将申诉结果发送到该手机号码上。

（3）填写账号绑定信息和注册信息。

（4）提交申诉，文心一言App会在24小时内以短信的形式通知申诉结果。

### 2. 账号冻结

当用户手机被盗、账号遇到风险时，可以使用账号冻结功能。需要注意的是，冻结账号可能会导致一些不便，例如在冻结期间无法登录或使用账号。因此，在冻结账号之前，用户应该仔细考虑并权衡利弊。同时，在冻结账号之前，最好备份重要的信息和数据，以防止丢失。

账号冻结一般分为以下几个步骤。

（1）输入需要冻结的账号。

（2）根据提示输入手机验证码或者用其他身份验证方式进行验证。

（3）点击“确认冻结”按钮，完成冻结操作。

### 3. 账号注销

账号注销是指对以后不再使用的账号进行注销。账号信息将全部被清空，登记在册的事项也会被取消。简单来说，注销就是不能登录，并且清空账号里所有的信息；如果想继续使用，则需要重新注册，但注册后信息是空白的。

一个百度账号可以访问多种产品和服务，用户可以删除文心一言App的服务痕迹或者选择永久注销自己的百度账号，但所有的产品数据将无法找回。

用户可以按照如下说明删除账号内文心一言App的服务痕迹。

（1）历史对话记录

单条历史对话记录删除：用户可以进入历史对话页，长按要删除的历史对话，点击“删除”按钮，即可删除这条对话（如图7-40所示）。

（2）社区内容

用户可以进入个人主页，再点击进入内容详情页，点击右上角的按钮后点击“删除”按钮，即可删除这条内容（如图7-41所示）。

图 7-40

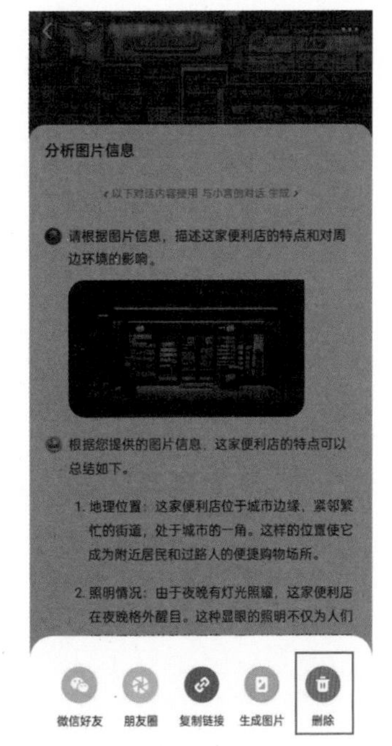


图 7-41

用户也可以永久注销百度账号，注销后原账号将无法在任一百度系产品登录，所有产品数据将无法找回。

具体操作流程如下。

（1）进入“账号注销”界面后，选择注销百度账号。

（2）阅读并同意注销账号相关说明和注意事项（如图7-42所示）。

（3）点击“已清楚风险，确定继续”按钮完成注销。

图 7-42

## 7.6.2 语音助手设置

在文心一言App中，语音助手设置主要包括选择助手、性格设置、语速设置等方面。通过合理地设置这些选项，你可以让文心一言App更好地理解你的语音指令，并为你提供更准确、更高效的智能服务。

接下来将详细介绍文心一言App的语音助手设置步骤。

（1）点击主界面中的“对话”按钮，显示语音助手设置的详情页（如图7-43所示）。

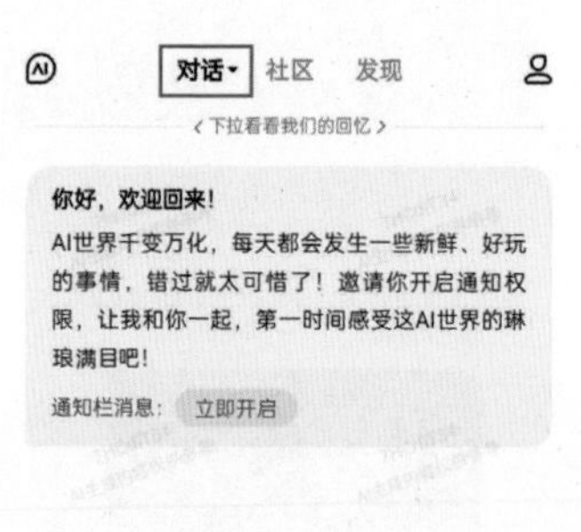

图 7-43

（2）选择语音助手。有AI男孩和AI女孩两个选择，语音助手的性别不同，音色也不同（如图7-44所示）。

（3）选择性格。AI女孩有二次元萌妹、傲娇大小姐、脑洞少女等选择，而AI男孩则有幽默风趣、温柔暖男、中二少年等选择（如图7-45所示）。

（4）设置语速。有慢、标准、较快、快4种语速，可以按照个人需求进行选择。

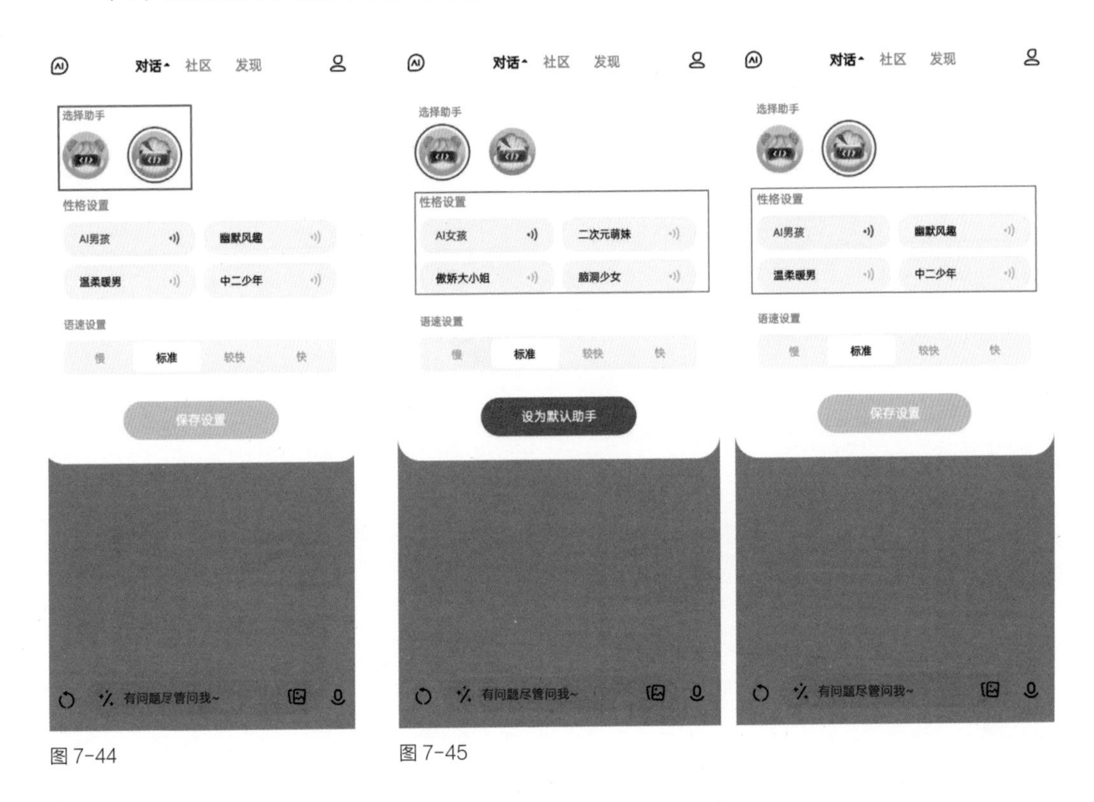


图 7-44

图 7-45

## 7.6.3 字号大小调节

在文心一言App中，字号大小调节是一项非常实用的功能，它可以帮助用户更好地适应不同的阅读场景。通过合理调节字号大小，用户可以让文本内容更加清晰、易读，避免在阅读过程中产生视觉疲劳和不适。

接下来将详细介绍文心一言App的字号大小调节步骤。

（1）进入个人主页，点击右上角的“设置”按钮，在“设置”界面中找到“字号大小”选项（如图7-46所示）。

（2）进入“字号大小”调节界面后，拖动下方滑块，便可以设置字体大小（如图7-47所示）。界面上方可以预览字体大小，用户可以根据个人需求进行调节。

图 7-46

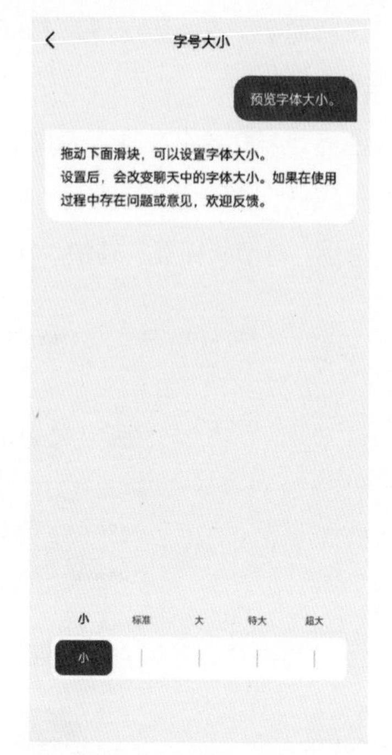


图 7-47

## 7.6.4 帮助和反馈

在文心一言App中，帮助和反馈功能是一项非常实用的功能，它可以帮助用户反馈使用过程中遇到的问题。用户反馈后，文心一言工作人员便会对其进行处理，这样可以提高用户满意度。

接下来详细介绍反馈的具体步骤。

（1）打开“设置”界面，找到并点击“帮助/反馈”选项（如图7-48所示），进入“意见反馈”界面。

图 7-48

（2）查看主界面是否有需要的问题答案，若没有则点击下方的“反馈建议”按钮（如图7-49所示）。

（3）选择反馈类型，然后对自己遇到的问题进行描述，上传问题截图，留下联系方式并提交即可（如图7-50所示）。

图7-49　　图7-50

## 7.6.5 修改昵称和头像

修改昵称和头像可以让用户更好地表达自己的个性和风格，吸引其他用户的关注，从而增加与其他用户的互动和交流。

接下来详细介绍修改昵称和头像的步骤。

（1）打开“设置”界面并点击“账号管理”选项，进入“账号管理”界面（如图7-51所示）。

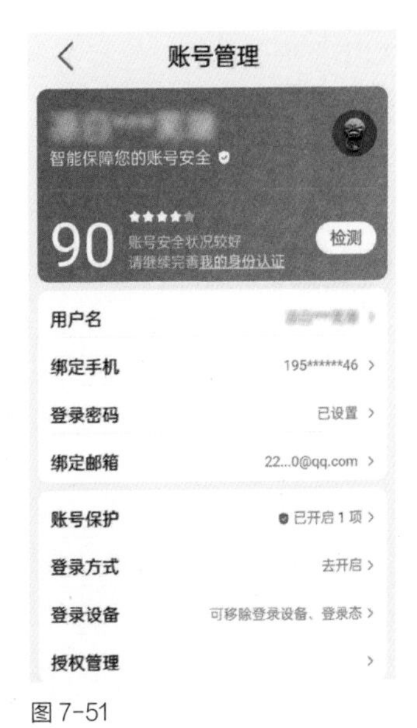


图7-51

（2）修改头像。点击右上角的头像框，进入修改头像界面，可以直接拍照或从手机相册中选择图片作为新头像（如图7-52所示）。

（3）修改用户名。点击“用户名”进入“用户名修改”界面，直接修改用户名即可。但需要注意的是，用户名是百度账号的唯一凭证，普通用户每年只能修改1次，请思考后再进行修改（如图7-53所示）。

图 7-52

图 7-53

## 本章小结

本章主要介绍了文心一言App的相关基础知识及使用案例，内容包括如何下载及使用App、语音输入、图片上传自动解析等。通过学习本章内容，希望读者能够充分了解和掌握文心一言App的使用方法和使用技巧。

## 拓展训练

❶ 请使用文心一言App进行一次对话，并将它发布到社区中。

❷ 请使用文心一言App的语言输入功能进行一次完整的对话。

# 08

CHAPTER 08

# 百度旗下其他AI产品

百度在国内AI领域早已走在前列，推出了许多可信赖的AI产品。除了人们熟知的百度搜索引擎之外，百度旗下还有许多其他AI产品，这些产品在各自的领域中发挥着重要作用，推动了AI技术的发展和应用。

# 8.1 文心一格

文心一格是基于文心大模型的文生图系统实现的产品化创新。2022年百度正式发布AI艺术和创意辅助平台——文心一格，这是百度依托飞桨、文心大模型的技术创新推出的一款AI作画产品。

## 8.1.1 文心一格新手教程

依托飞桨、文心大模型的技术创新，文心一格为用户提供了艺术创作的无限可能，用户只需输入文字描述，文心一格就能快速生成各种风格的精美画作。

文心一格既能为画师、设计师等视觉内容创作者提供灵感，辅助艺术创作，又能为媒体工作者、作者等文字内容创作者提供高质量的配图，更能让每一个人都展现个性，享受创作的乐趣。用户即使完全没有绘画经验，也可以在文心一格画出有无限创意的作品。下面是关于文心一格的应用场景实操。

### 1. 快速玩转创意工作台

（1）了解输入框

进入文心一格官网并登录，单击“画笔”按钮或者“立即创作”按钮进入工作台（如图8-1所示）。

图 8-1

在输入框中输入绘画创意，使用标准的Prompt语句生成的图片效果会更好（如图8-2所示），Prompt语句是指用户对模型的提问。

图 8-2

（2）调节作图参数

作图参数一般包括风格、作图比例、生成数量。

风格：在推荐模式下有多种风格供用户选择，建议首选“智能推荐”，“智能推荐”是经过AI全方面计算和优化的，十分适合新手（如图8-3所示）。

作图比例：选择期待的画作尺寸。

生成数量：选择生成画作的数量，最多能同时生成9张画作（如图8-4所示）。

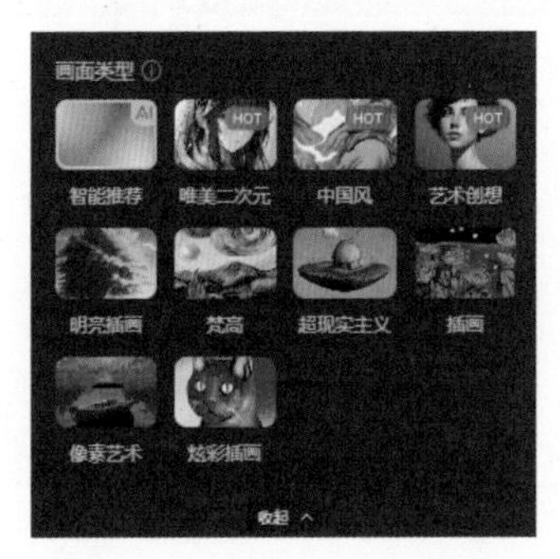


图 8-3

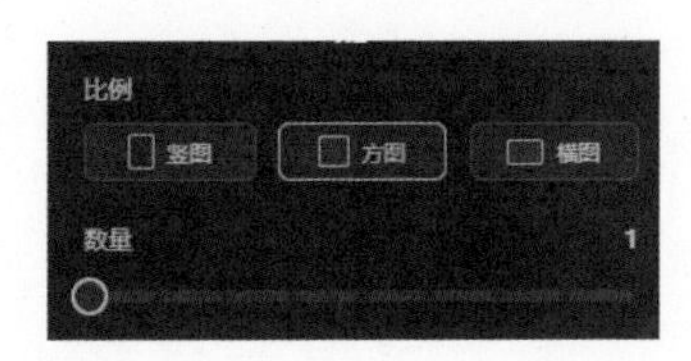


图 8-4

（3）画作管理

上下滑动鼠标滚轮即可查看历史画作生成记录，也可以单击右上角的“创作管理”按钮，查看历史画作（如图8-5所示）。

图 8-5

可以单击任一画作查看大图，也可以在右侧工具栏中进行“下载”“分享画作”“公开画作”等一系列操作。在完成一幅画作时，用户可以打分，用户的每一次打分都有助于文心一格提高画作生成水平（如图8-6所示）。

图 8-6

### 2. 自定义AI作图

（1）输入AI绘画创意

单击主页中的“自定义”按钮进行作图，输入AI绘画创意并选择AI画师，不同的AI画师擅长不同的绘画风格，文心一格目前支持创艺、二次元、具象3种（如图8-7所示）。

图 8-7

（2）自定义图生图

上传参考图，文心一格将根据参考图绘制画作。影响比重越大，参考图对画作的影响也就越大（如图8-8所示）。

图 8-8

## 8.1.2 进阶：Prompt语句

用户使用文心一格生成画作时，需要使用一种特殊形式的“文本描述”，这种特殊形式的“文本描述”即Prompt语句。

### 1. Prompt语句基本公式

想要使用Prompt语句其实很简单，只需遵循以下基本公式即可。

Prompt语句基本公式=画面主题+细节词+风格修饰词。

例如，想生成一幅短发二次元可爱女生头像（如图8-9所示）。

Prompt：可爱女生，短发，娇小，二次元，头像。

图 8-9

对应的Prompt语句可拆解为画面主题、细节词和风格修饰词3部分。

### 2. 如何优化Prompt语句

在基本熟悉了Prompt语句之后，可以发挥想象力来完善Prompt语句，让文心一格绘制更为惊艳的画作。这就需要我们更清晰地表达画作细节。陈述清晰是一个高效的创作习惯，如果只是告诉文心一格绘制“月光下的美丽少女”，文心一格往往并不知道用户想要什么样的人物形象，此时就可以完善Prompt语句。

例如，添加刻画人物形象的细节词，如国风华服、动漫少女、面容精致、微笑、牡丹花头饰等；添加丰富画面场景的细节词，如月夜、月光柔美、祥云、花瓣飘落、星空背景等；添加提升画作整体质感的细节词，如多彩炫光、镭射光、浪漫色调、几何构成、丰富细节、绝美壁纸、唯美二次元等。通过添加一些具体的细节词，文心一格可以更加明确用户的需求，从而生成更符合需求的画作（如图8-10所示）。

那么，此时的Prompt语句的公式就变成了Prompt语句=基础词+人物形象描述+场景/

道具/配饰细节+画面质感增强用词。

Prompt：月光下的美丽少女，动漫。

Prompt：绝美壁纸，动漫少女，月夜，祥云，古典纹样，月光柔美，花瓣飘落，多彩炫光，镭射光，浪漫色调，浅粉色，几何构成，丰富细节，唯美二次元。

图 8-10

以下是一些常用的Prompt语句词。

图像类型：古风、二次元、写实照片、油画、水彩画、油墨画、水墨画、黑白雕版画、雕塑、3D模型、手绘草图、炭笔画、极简线条画、浮世绘、电影质感、机械感。

构图：中心构图、水平线构图、辐射纵深、渐次式韵律、三分构图法、框架构图、引导线构图、视点构图、散点式构图、超广角、黄金分割构图、错视构图、抽象构图。

艺术流派：现实主义、印象派、野兽派、新艺术、表现主义、立体主义、抽象主义、超现实主义、行动画派、波普艺术、极简主义。

插画风格：扁平风格、渐变风格、矢量插画、2.5D风格插画、涂鸦白描风格、森系风格、治愈系风格、水彩风格、暗黑风格、绘本风格、噪点肌理风格、MBE风格、轻拟物风格、等距视角风格。

个性风格：赛博朋克、概念艺术、蒸汽波艺术、Low Poly、像素风格、极光风格、宫崎骏风格、吉卜力风格、嬉皮士风格、幻象之城风格、苔藓风格、新浪潮风格。

人像增强：精致面容、五官精致、毛发细节、少年感、蓝眼睛、超细腻、比例正确、妆容华丽、厚涂风格、虹膜增强。

摄影图像：舞台灯光、环境光照、锐化、体积照明、电影效果、氛围光、丁达尔效应、暗色调、动态模糊、长曝光、颗粒图像、浅景深、微距摄影、逆光、抽象微距镜头、仰拍、软焦点。

图像细节：纹理清晰、层次感、物理细节、高反差、光圈晕染、轮廓光、立体感、空间感、锐度、色阶、低饱和度、CG渲染、局部特写。

### 3. 案例

动物类案例（如图8-11所示）：Prompt语句=主体词+动物形态细节+场景氛围+画面质感增强用词。

植物类案例（如图8-12所示）：Prompt语句=主体词+植物形态细节+风格修饰词。

Prompt：月球上的兔子戴着墨镜。

Prompt：炫酷机甲兔子戴着墨镜，在月球上，周围是飞船残骸，炫酷，高清画质。

图8-11

Prompt：好看的彼岸花。

Prompt：彼岸花，晶莹剔透，梦幻艺术创想。

图8-12

场景类案例（如图8-13所示）：Prompt语句=主体词+修饰词+风格词+画面质感增强用词。

Prompt：新中式风景，超高清，细节刻画。

Prompt：游戏中梦幻唯美的新中式风景，超高清，细节刻画，沐浴在花瓣里，漫天花瓣，电影质感，明亮清晰。

图 8-13

家装设计类案例（如图8-14所示）：Prompt语句=主题词+风格词+修饰词+画面质感增强用词。

Prompt：超现实主义，房间内饰，潘通色，高清，3D渲染。

Prompt：创意客厅，高贵蓝色视觉体验，花草，金色的光纤，超现实主义，获奖的杰作，令人难以置信的细节，令人惊叹。

Prompt：现代庭院，极简风，奶油色，轻奢。

图 8-14

### 8.1.3 AI编辑

无论是修图去瑕疵，一键改图换主体，还是利用图片叠加功能，实现图片风格和主体的快速融合，AI编辑功能都能满足设计、创意内容和新媒体产图应用场景中的多样化需求。不会Photoshop也可以搞定改图设计！单击首页中的“AI编辑”按钮或者进入工作台，即可让文心一格满足改图需求。

## 1. 涂抹消除

若用户对当前生成的画作较为满意，但仍觉得其有瑕疵的话，只需对不满意的区域进行涂抹，文心一格就会对涂抹区域进行消除重绘（如图8-15所示）。

图 8-15

## 2. 涂抹编辑

对希望修改的区域进行涂抹，算法将按照指令对涂抹区域进行重新绘制，该功能可用于图像修复和图像修改（如图8-16所示）。

图 8-16

### 3. 图片叠加

将两张图片进行融合叠加生成的新图片（如图8-17所示）将同时具备原来两张图片的特征（如图8-18所示）。

图 8-17

图 8-18

## 8.1.4 文心一格实验室

文心一格实验室是一个在线AI绘画生成器的功能板块，旨在为用户提供个性化、智能化的绘画体验。利用人工智能技术，文心一格实验室可以帮助用户快速生成不同风格、尺寸和形状的画作，同时也可以根据用户的需求进行定制化创作。此外，文心一格实验室还提供了一些绘画工具和参数调整选项，使用户可以更加灵活地控制绘画过程和结果。目前文心一格实验室开放了3个功能。

### 1. 人物动作识别再创作

上传参考图，系统即可识别图片中的人物动作，再结合用户输入的描述词，可生成动作相近的画作（如图8-19所示）。

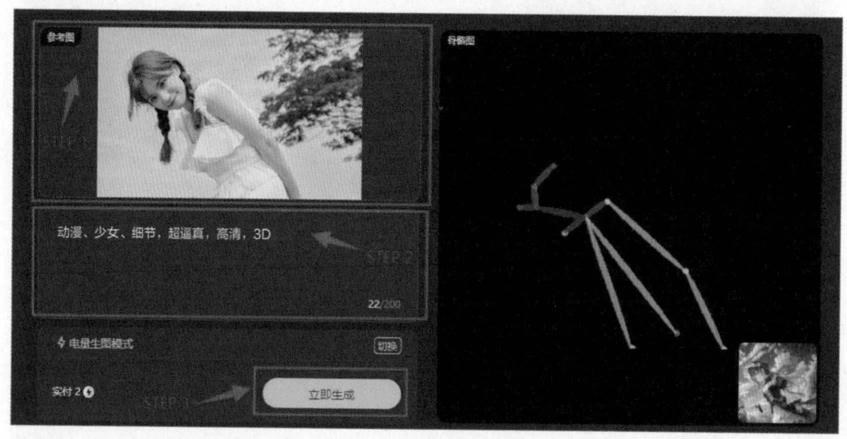


图 8-19

### 2. 线稿识别再创作

上传参考图，输入希望出现的描述词后单击“立即生成”按钮即可（如图8-20所示）。

图 8-20

### 3. 自定义模型

自定义模型允许用户上传自己的模型并对其进行训练，以生成更为个性化的画作。这意味着用户可以利用自定义模型来生成更符合自己审美需求的画作，从而提高创作的灵活性和自由度。通过训练自定义模型，用户可以进一步拓展AI作画模型的能力和创作风格，为艺术创作带来更多的可能性。

（1）操作流程

具体操作流程（如图8-21所示）：先上传训练图集，选择模型类别，调整参数；再根据训练环节设置的Prompt语句预览训练效果；之后就能发布专属的AI作画模型了。

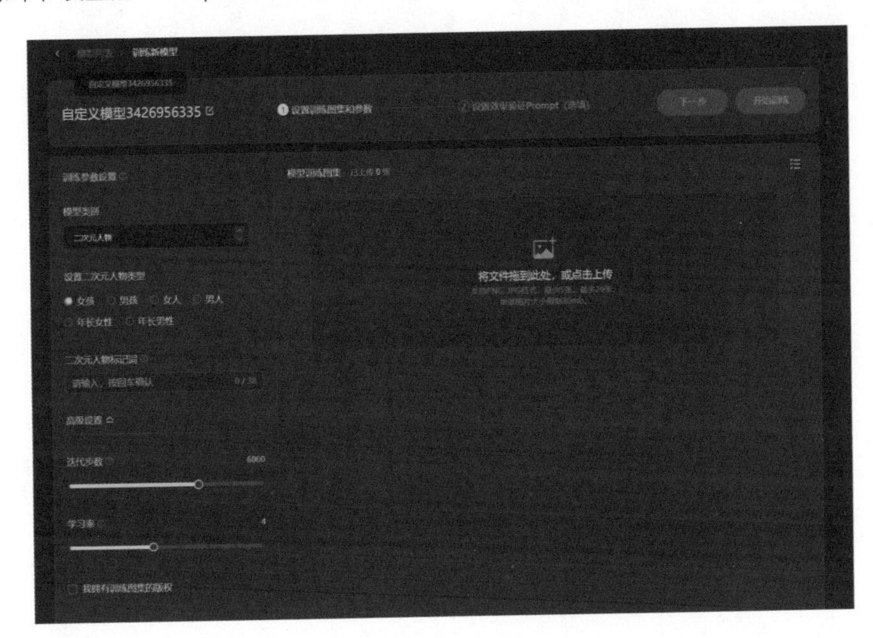

图 8-21

（2）实操案例

下面以二次元人物为例进行说明。

上传训练图片集：图片中的二次元人物需要确保为同一个人，画质清晰，图片至少上传5张。同时，建议为图片中的人物取个名字作为标记词（如图8-22所示）。

图 8-22

设置迭代步数和学习率档位，配置用于验证的Prompt语句，一次可以配置5~10个；Prompt语句需带有之前设置的标记词，强调该人物出现在画面中。模型一般需要30~120分钟生成，生成后，用户可以查看图片，验证模型是否符合需求（如图8-23所示）。

Prompt 示例：大福，古风美人，精致细腻，皮肤白皙，透明纱裙，迷人眼神，漂亮精致五官，精美细节，超高清细节。

图 8-23

需要注意的是，若训练出了满意的模型，发布成功后就可以在发布有效期（每次的发布有效期为7天）内正常使用，发布到期后3个月内可以继续发布；到期3个月后若未使用，则不会保留模型。

## 8.2 百度智能云·一念

百度智能云·一念（以下简称一念）是百度基于文心大模型打造的内容创作平台，它集文本、图像、视频等多种内容模态于一体，旨在助力企业更便捷高效地获取内容创作灵感和营销物料。一念可以为用户提供丰富的创作素材和灵感，帮助用户快速生成高质量的文本、图像和视频内容。同时，它还可以根据用户的需求进行定制化创作，满足企业在不同场景下的内容营销需求。一念的出现，为企业提供了更加智能化、更加高效的内容创作解决方案，有助于提高企业的营销效率和内容产出效率。

### 8.2.1 内容简介

**1. 优势**

（1）集成领先的多模态创作技术

一念集成先进的人工智能、大模型、云计算、音视频处理技术，为内容创作者和机构提供各类AI赋能的创作工具。在AI算法的驱动下，创作优质内容变得更加容易。一念除包含高频创作工具外，还可以解决内容生产中的细节问题，真正实现全场景、精细化、智能化、高效率生产。

（2）提供一站式内容智能创作工具

一念收集海量成功案例，致力于打造专业、安全、高效的智能创作平台，提供一站式内容智能创作工具。视频创作方面包括图文生成视频、虚拟主播、图表动画、在线视频编辑等10余种功能；智能写作方面包括热点写作、模板写作等功能，更集成智能纠错、标题推荐、智能摘要、文本标签等辅助功能，帮助用户实现零基础视频与文本创作。

（3）效果稳定性强

海量训练样本，提高了一念在复杂多变的应用场景下的效果稳定性和适配性。

## 2. 核心产品

（1）AI文案

一念成文，激发无限创意：个性化生成海量营销文案，支持小红书、抖音、B站等多平台文风，极大地提升产品推广、活动策划及好物“种草”等内容创作工作的效率，让用户的内容在各大平台脱颖而出（如图8-24所示）。

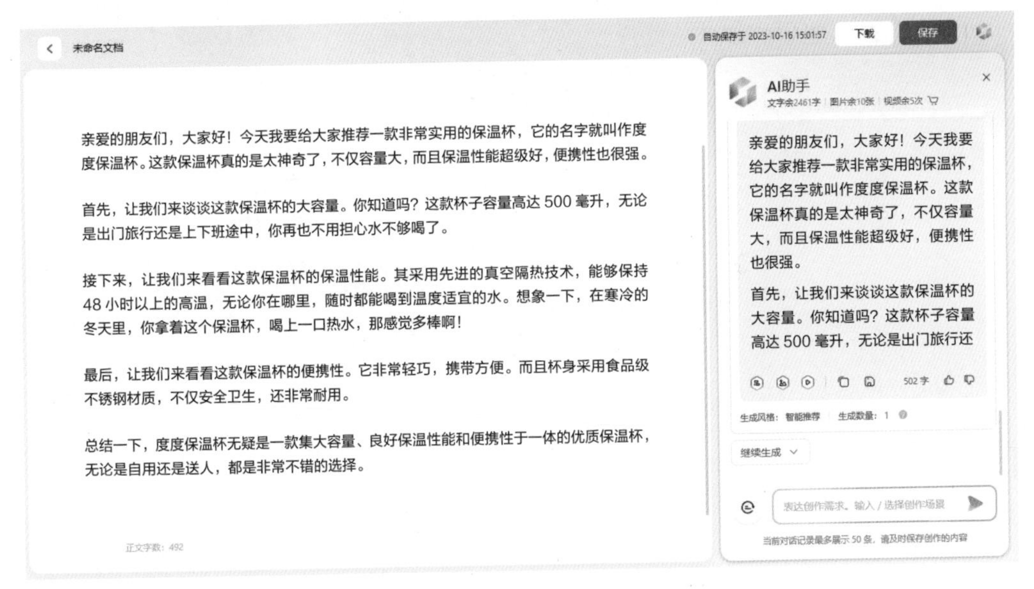

图 8-24

（2）AI作画

一念成画，翩跹绘心中所想：无须具备专业绘画技能，输入简单描述即可生成高质量画作，支持30多种创意风格，告别复杂的设计流程，轻松创作出独具创意的海报，打破传统的作图方式（如图8-25所示）。

图 8-25

（3）AI成片

一念成片，呈现创意视觉故事：输入文本一键成片，提供丰富的版权素材库、创意素材、视频模板，让你的视频充满想象力，支持对生成视频进行二次编创，确保成品完美呈现，无须具备专业剪辑技能，进行简单操作即可轻松生成独一无二的创意视频（如图8-26所示）。

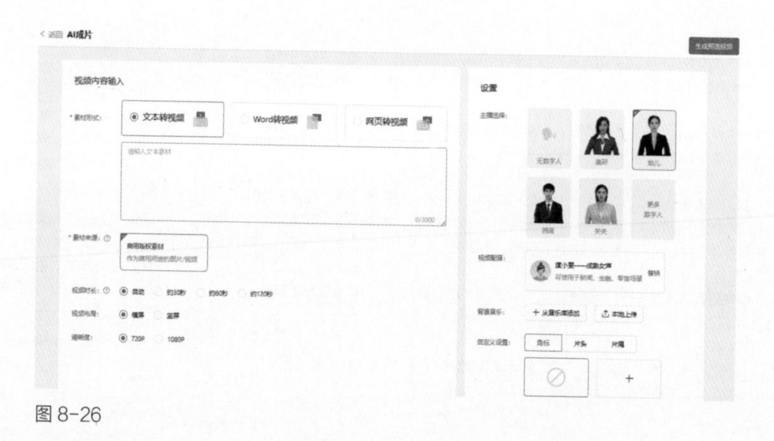

图 8-26

（4）数字人视频

一念成形，完美代替真人出镜：可选配40多种数字人形象，输入文案一键生成播报视频，数字人形象逼真灵动，完美代替真人出镜，为内容增添新的表现力；打破真人拍摄限制，节省时间成本，保证高品质表现效果，让数字人视频成为内容传递的新利器

（如图8-27所示）。

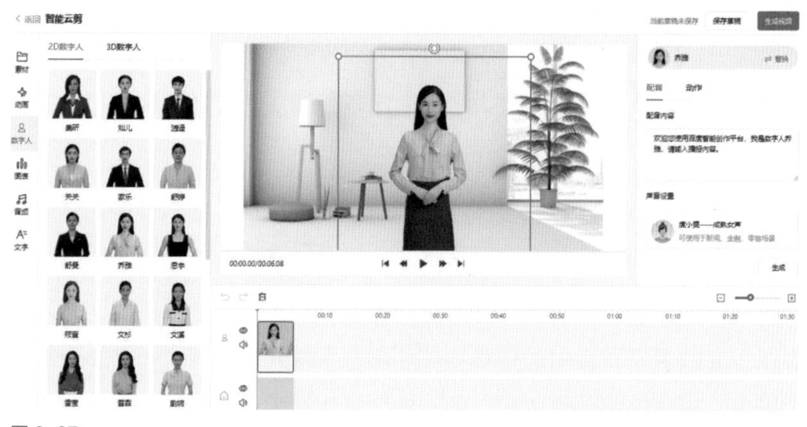

图 8-27

（5）AI创作助手

一念巧思，你的灵感落地助手：打破文本、图像、视频内容创作壁垒，灵感内容随取随用，引领企业采用内容创作的新方式；提供200多种内容主题、20多种创作辅助工具，让灵感源源不断，让内容创作过程变得更加简单、高效。

**3. 应用场景**

（1）金融营销

基于百度领先的AI技术，赋能金融领域的内容创作，提供金融资讯分析、金融智能写作、金融视频智能生成等功能，实现灵活高效的内容创作、“千人千面”的内容分发，促进金融业务快速增长。

金融舆情分析：通过事件分析能力实现对金融行业的热点搜集和舆情监测，并生成对应的分析报告。

金融内容创作：运用AI成片、数字人视频、图表动画等功能，用视频取代传统的图文表达方式，充分运用于股市复盘、金融产品介绍、行情资讯等场景；运用智能写作功能，基于金融数据自动生成文章，包括但不限于股市数据报告、基金快讯等。

智慧营销：通过AI成片、智能云剪、数字人视频等视频编辑和创作功能，批量化、智能化地生产营销视频。

（2）汽车营销

根据目标受众的内容需求一键生成爆款汽车营销文案、海报。运用AI仿写功能，基于一篇文章批量生成海量个性化推广文案，满足多样化推广需求。全面丰富车企营销内容产出形式，更简易高效地产出高质量营销推广物料。

汽车热点营销：结合时事、节日热点打造个性化的营销广告和宣传话术，激发消费者的购车热情，从而实现销售效益的最大化。为汽车品牌注入更多的创意和活力，使其满足不断变化的市场需求。

汽车营销海报：使用AI作画、AI海报等功能，基于汽车产品图自动生成宣发海报，融入独特的特色文案，呈现个性十足的广告画面，传递品牌核心价值观，提高汽车品牌的传播力和客户吸引力。

内容创作：提供AI文案、AI视频等功能，围绕车型介绍、线上活动、交车服务、品牌体验等多个场景，提升内容创作效率，更轻松地传达品牌信息、吸引潜在客户、完善客户服务体验、树立专业的品牌形象。

（3）媒体创作

基于百度领先的自然语言处理、知识图谱等技术，赋能媒体创作的“策、采、编、审、发”全业务流程，助力传统媒体和新媒体在选题策划、新闻生产、内容传播等领域深度融合。

选题策划：通过事件分析功能对网络热点和资讯实现高效聚合，赋能媒体行业的资讯搜集和选题策划场景。

自动创作：使用AI成片、图表动画等功能，将图文稿件或数据快速转为视频，用视频形式阐述新闻故事；运用智能写作功能，利用机器批量化撰写结构化的新闻稿（如天气预报、体育快讯等），解放一线媒体工作者的生产力。

辅助分发：使用文章标签等功能实现内容的精准分类，赋能媒体稿件的分发场景，提质增效。

## 8.2.2 快速入门

在开始学习本小节的教程之前，需确保已完成以下步骤。

（1）注册百度智能云账号：若已经注册百度智能云账号，可忽略此步骤；若未注册百度智能云账号，请先注册。

（2）完成实名认证：若已经在百度智能云完成实名认证，可忽略此步骤；若未完成实名认证，请参见实名认证文档完成认证。完成个人实名认证或企业实名认证后，均可购买相关服务。

### 1. 页面介绍

下面将详细介绍一念的主要页面及功能。

（1）创作中心

创作中心包含工作台、创意中心、智能工具和“我的”（即个人中心）4个部分。工作台集成了AI创作助手、热门工具、内容资产库等多项功能，创意中心包含文案模板、视频模板等创意内容资产，智能工具包含各种文本、图片、视频创作工具，个人中心用于存储在一念生成的草稿、素材、作品（如图8-28所示）。

（2）AI创作助手

如果是首次使用一念的用户，可以在输入框内输入“/”或单击输入框，会弹出下拉框，快速调用文案、图片、视频创作模板，获取创作灵感（如图8-29所示）。

（3）热门工具

工作台提供多款内容创作工具，若有文本创作、图片创作、视频创作相关需求，可直接单击工具卡片进行内容创作（如图8-30所示）。

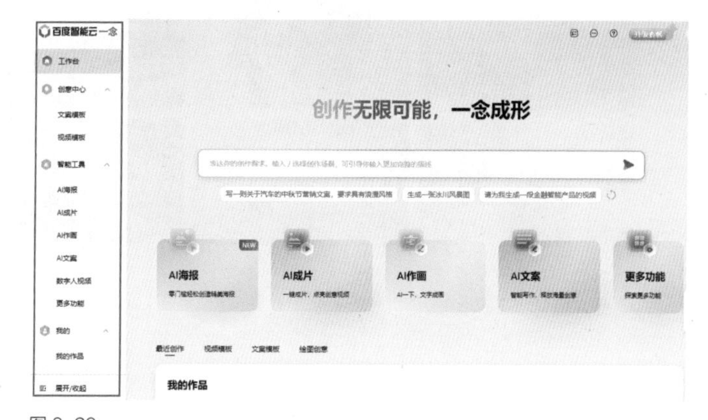


图 8-28

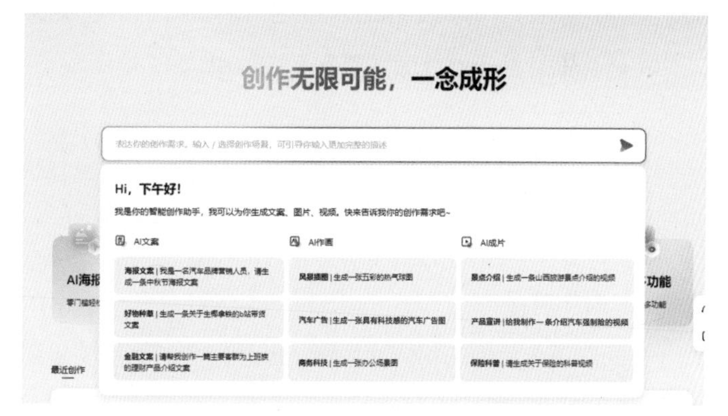


图 8-29

图 8-30

（4）各式模板

工作台下方提供主题丰富的视频模板、文案模板、绘图创意等内容，可直接选用相关模板进行内容创作（如图8-31所示）。

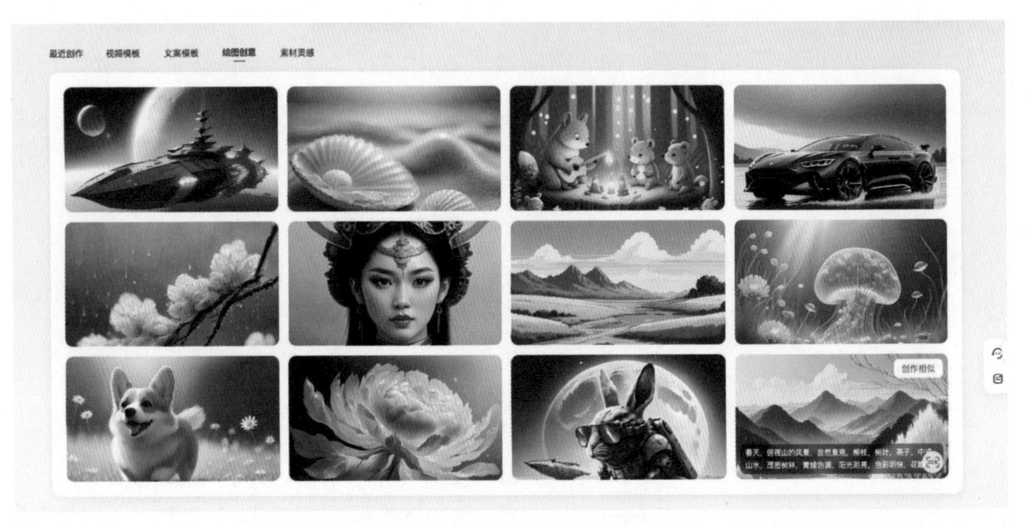


图 8-31

（5）个人中心

个人中心包括用量统计、订单管理两个主要功能（如图8-32所示）。个人中心的入口位于平台右上角的头像处，将鼠标指针置于此处即可看到下拉菜单。

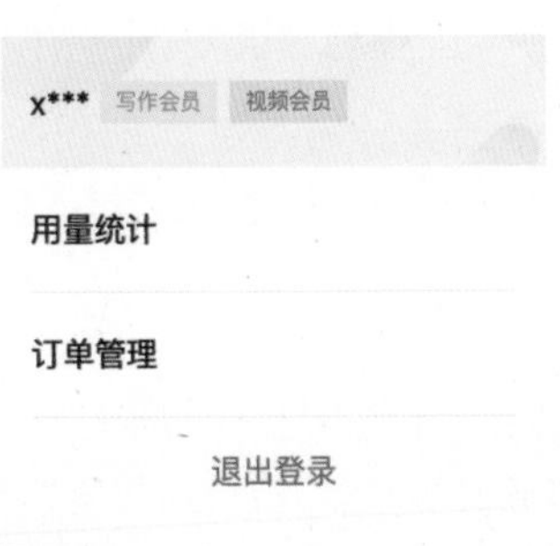


图 8-32

**2. 操作流程**

下面以工作台中的AI成片为例，展示一个作品从创建到生成的过程。

（1）明确需求，确定功能。

用户有一篇图文稿件，想要将其转换为视频。基于工作台页面的卡片介绍，其选择了AI成片功能（如图8-33所示）。

图 8-33

（2）进入功能使用页面

进入功能使用页面，按照页面提示逐步完成输入。在该页面中，通过输入文本、网页链接及上传Word文档来上传图文素材，并依次完成视频时长、视频布局、清晰度、视频配音、背景音乐等的设置（如图8-34所示）。

图 8-34

（3）生成作品

输入素材后，即可生成作品。处理作品需要一定的时间，此时可以在平台顶部右侧导航栏的任务中心查询进度（如图8-35所示）。

图 8-35

（4）下载作品

作品处理完成之后，可以在“我的作品”中进行查看或下载（如图8-36所示）。

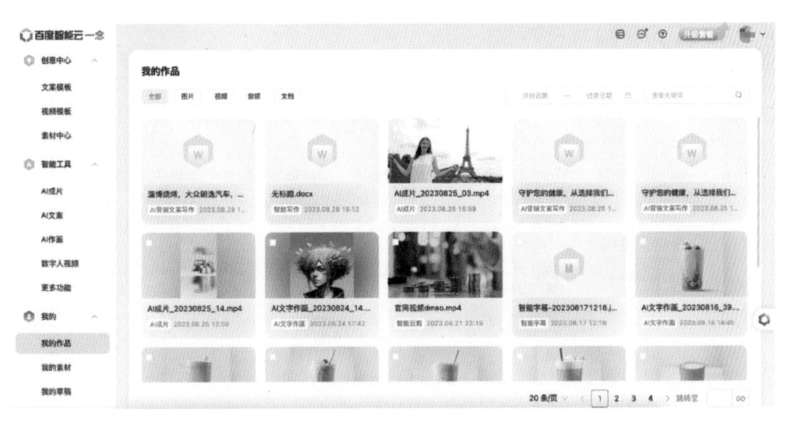


图 8-36

## 8.2.3 功能介绍

### 1. 智能写作

一念支持AI文案和热点写作等功能，并内置各类AI辅助创作工具，包括智能纠错、敏感审核、标题推荐、智能摘要、文章检测功能，帮助用户在多领域快速创作。下面详细讲解AI文案和热点写作。

（1）AI文案

步骤一：在工作台中选择AI文案卡片。

步骤二：进入AI文案功能页面，如果想通过描述生成文案，在右侧AI助手的输入框中输入并发送需求，AI助手便会生成对应文案（如图8-37所示）。如果在输入框中输入“/”，则会打开创作场景选择栏。

图 8-37

步骤三：在文本编辑区域内，选中内容后会弹出“润色”“扩写”“生成评论”选项，单击所需选项即可对选中的内容进行润色、扩写或生成评论（如图8-38所示）。

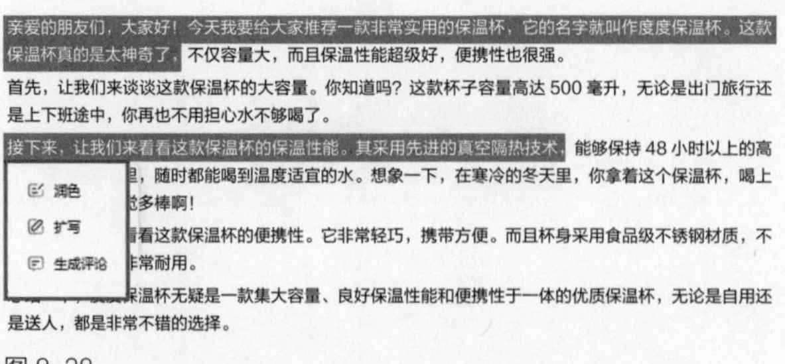


图 8-38

步骤四：生成后的内容通过弹窗的形式展示，用户可以选择“替换”“在下方插入”“重新生成”“放弃”4个选项（如图8-39所示）。

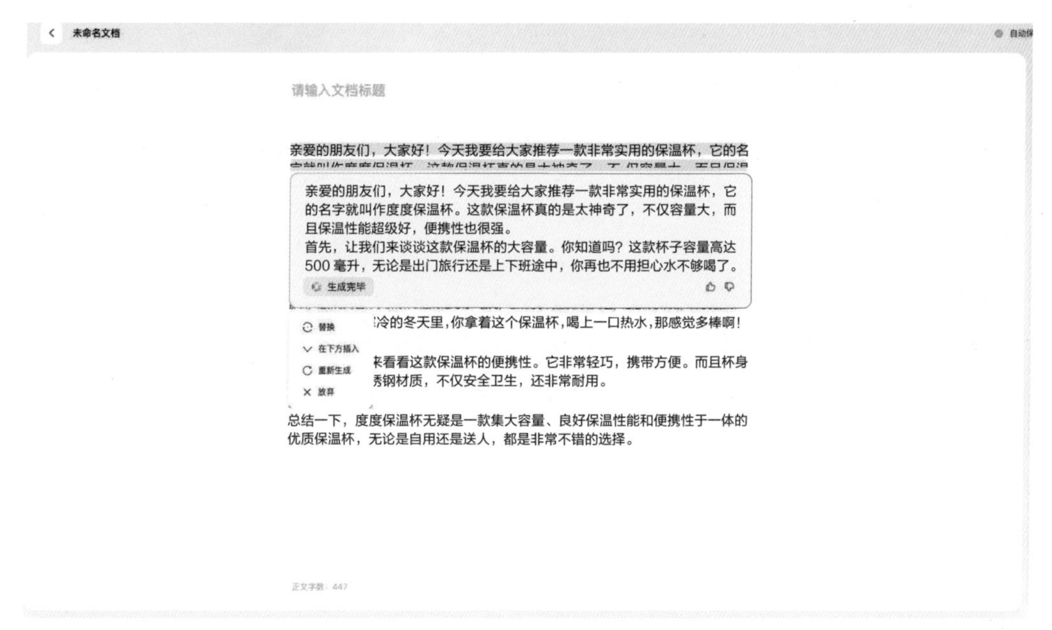

图 8-39

步骤五：用户完成编辑后可以选择下载或保存。单击“下载”按钮则将编辑区域内的文本转换成Word文档下载至本地，单击“保存”按钮则将文本信息保存至“我的作品”中（如图8-40所示）。

图 8-40

（2）热点写作

一念提供全网14个行业分类、全国省市县三级地域数据服务，从热度趋势、关联词汇等多角度为创作者提供思路和素材，可有效提升创作效率。

步骤一：单击主页左侧的智能工具中的“热点”按钮，输入对应主题的关键词（如图8-41所示）。

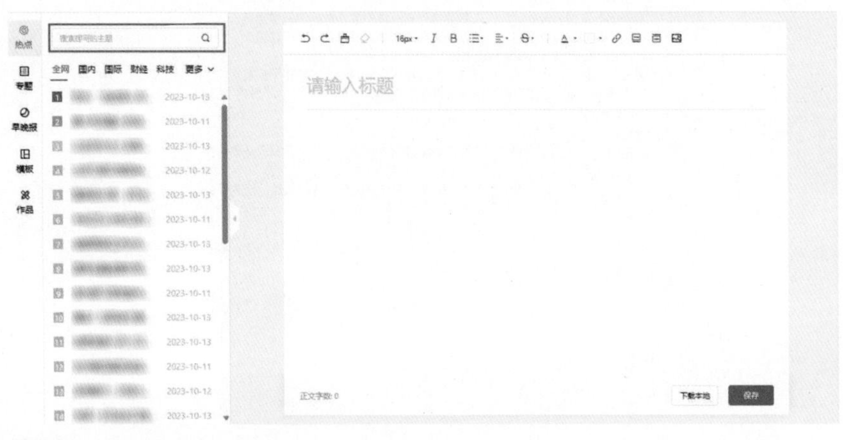

图 8-41

步骤二：选择符合需求的热点新闻，单击进入预览页，可以单击“阅读全文”进入热点新闻原网页，参考热点内容协助写作（如图8-42所示）。

图 8-42

## 2. 视频创作

下面详细讲解智能云剪和图表动画的操作流程。

（1）智能云剪

智能云剪是一个便捷高效的云端视频剪辑创作工具，支持逐帧剪辑，提供在线轨道剪辑方式。用户通过上传素材，将素材置入轨道进行编辑、拼接来生产一段完整的视频。素材资源与合成视频均可在线访问，无须安装任何插件，并支持实时流畅预览。

接下来介绍操作流程。

步骤一：单击主页左侧的智能工具中的“智能云剪”按钮，并选择作品尺寸（如图8-43所示）。

步骤二：选择素材。在左侧选项中选择需要添加的素材，共有7种不同的素材可配置。素材是指可以上传的视频或图片（如图8-44所示）。

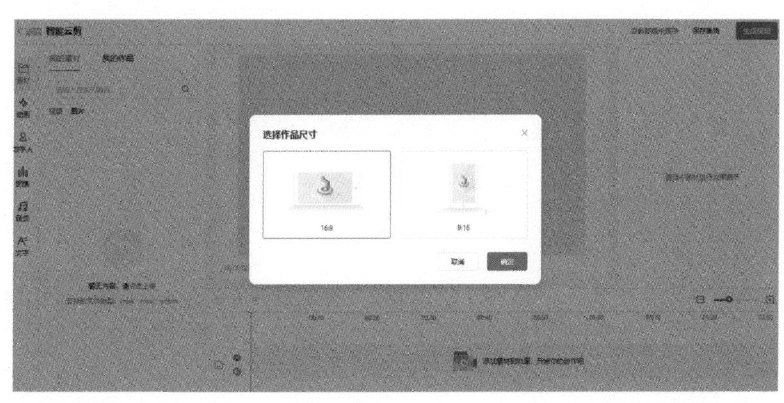


图 8-43

图 8-44

步骤三：对素材进行上色。

数字人素材：在左侧选项中可以选择插入合适的数字人进行播报，数字人包括2D数字人与3D数字人（如图8-45所示）。

动画素材：可以选择合适的动画模板（如图8-46所示）。

图 8-45　图 8-46

字幕素材：可以输入字幕信息，还可以在轨道区调节播放时间。在右侧工具栏中可调整字号、颜色、不透明度等参数（如图8-47所示）。

文本素材：可以输入文本内容，还可以在轨道区调节持续时间。在左侧可选择文本样式，在右侧工具栏可调整文本的内容、字号、颜色、不透明度等参数（如图8-48所示）。

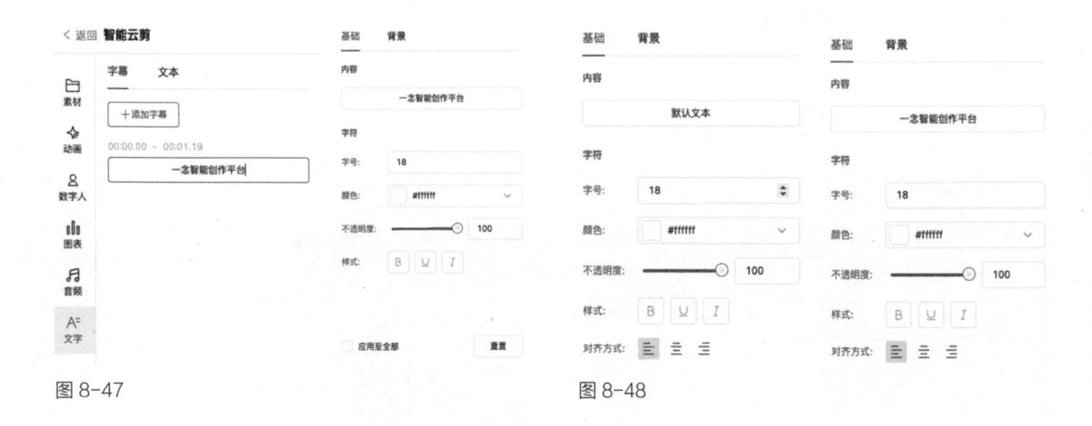


图 8-47　　图 8-48

配音素材：可以输入配音文案，并选择合适的声音类型进行配音。同时可以对配音的语速、音量、音调进行配置（如图8-49所示）。

音乐素材：可以在线添加音乐，同时支持本地音乐上传（如图8-50所示）。

图 8-49　　图 8-50

步骤四：视频创作完成后，可以选择生成视频或保存草稿。

单击“生成视频”按钮，设置视频格式、分辨率、码率及编码后，单击“确认”按钮即可等待任务完成（如图8-51所示）。单击“保存草稿”按钮，会将编辑好的视频保存至云空间，可以通过首页侧边栏中“我的草稿”选项，打开草稿箱并查看保存的草稿。

视频设置
*名称：请输入视频名称
格式：mp4
分辨率：1280×720
码率：推荐
编码：H.264
取消 确认

图 8-51

（2）图表动画

图表动画功能可用于实现数据转视频。用户选择平台已有的图表模板，替换模板内的对应数据后，即可生成对应的动态数据图表。

步骤一：选择模板。

确定数据需求之后，用户可以根据图表特点挑选对应的模板（如图8-52所示）。

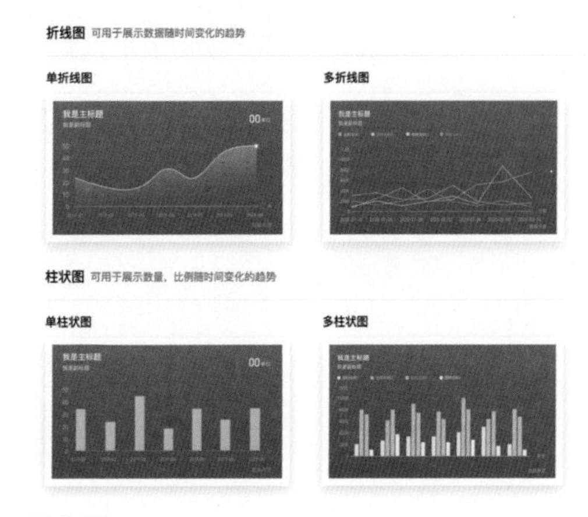


图 8-52

步骤二：数据配置。

进入图表编辑页面后，首先需要完成数据配置（如图8-53所示）。平台内各个模板均已内置样例数据，单击“上传数据”按钮进行数据的替换。

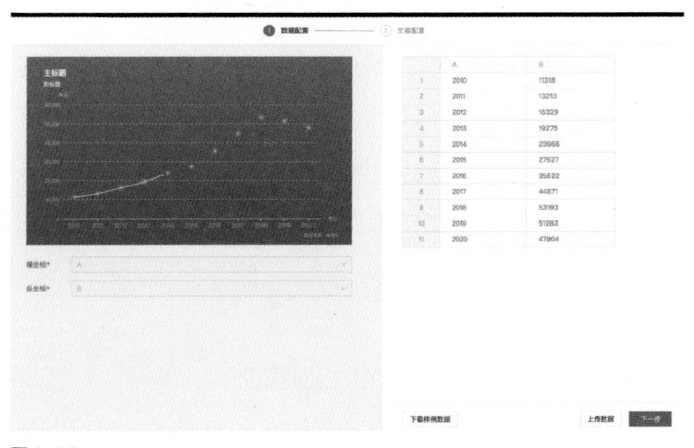

| | A | B |
|---|---|---|
| 1 | 2010 | 11318 |
| 2 | 2011 | 13213 |
| 3 | 2012 | 16329 |
| 4 | 2013 | 19275 |
| 5 | 2014 | 23966 |
| 6 | 2015 | 27527 |
| 7 | 2016 | 35622 |
| 8 | 2017 | 44871 |
| 9 | 2018 | 53193 |
| 10 | 2019 | 51283 |
| 11 | 2020 | 47904 |



图 8-53

步骤三：文案配置。

完成数据配置后，接下来需要进行文案配置。可配置文字内容包括图表标题、*x*/*y*轴单位文案、图表注释等，完成文案配置后，还可以进行背景音乐、背景色和视频时长的配置（如图8-54所示）。

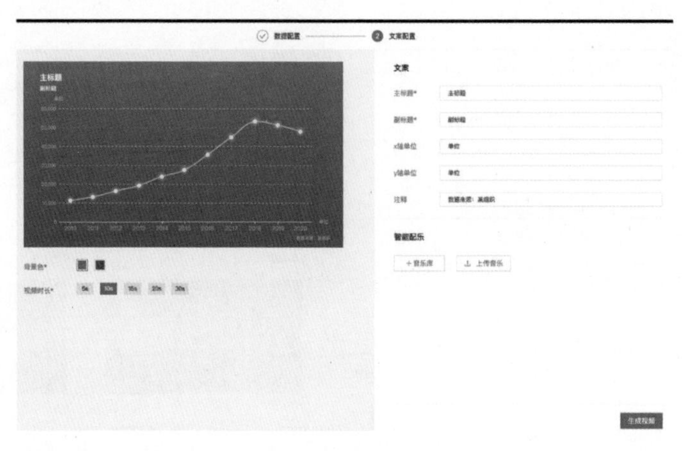


图 8-54

步骤四：生成视频。

当完成所有配置之后，即可生成视频。处理视频需要一定的时间，此时可以在平台顶部右侧导航栏的“任务中心”查询进度。

步骤五：下载视频。

当视频处理完成后，用户可以在“创作中心——我的作品”中进行视频的下载或转存。

### 3. 图片创作

一念的图片创作功能基于百度的人工智能技术，通过输入文字描述或选择样式、主题等，生成符合要求的图片。该功能利用百度在深度学习、计算机视觉等领域的先进技术，可以根据用户的需求快速生成高质量的图片内容，为设计师、艺术家等人群提供更加便捷的创作工具。同时，该功能也可以与企业的营销、宣传等业务相结合，帮助企业快速生成符合需求的图片内容，提高工作效率和创意质量。

（1）文生图

步骤一：在工作台中选择AI作画卡片进入相应页面。

步骤二：输入Prompt语句，可选择自定义输入创意描述，也可以单击示例图片中的

“创作相似”按钮，自动填入优质Prompt语句（如图8-55所示）。

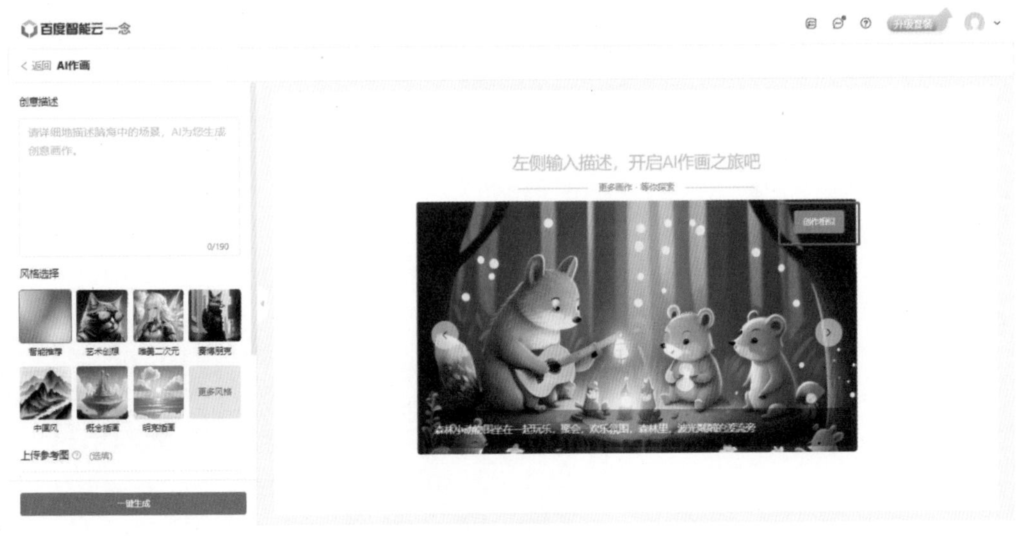


图 8-55

步骤三：风格选择。

选择“智能推荐”，一念将根据Prompt语句自动生成较为适合的图片。若要尝试更多风格，可以单击“更多风格”按钮展开所有风格，然后选择需要的风格；也可以选择在“创意描述”输入框中输入自定义风格（如图8-56所示）。

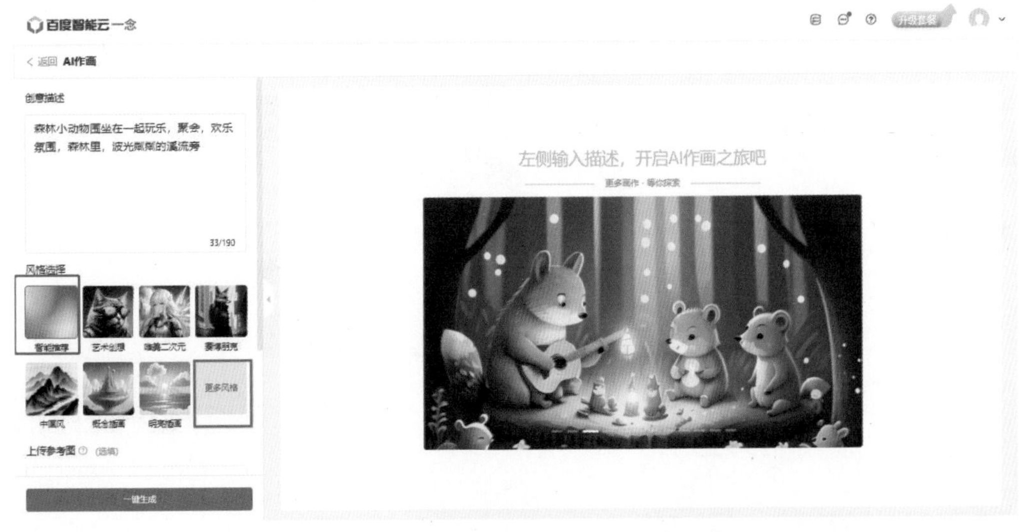


图 8-56

步骤四：选择尺寸与分辨率。

AI作画当前支持3种尺寸，每种尺寸下有3种清晰度/分辨率，在左侧选择尺寸后，可以在右侧下拉框中选择分辨率（如图8-57所示）。

图 8-57

步骤五：选择生成图片的数量。 AI作画支持批量生成图片，用户可以选择生成1~8张图片，单击“一键生成”按钮，等待7~15秒，一念即可生成好看的图片，用户可通过右下角的3个按钮对图片进行管理（如图8-58所示）。

图 8-58

（2）图生图

图生图与文生图的步骤大体相同，唯一不同的是图生图需要上传参考图进行图片生成，一念将生成与原图风格/主体相似的图片（如图8-59所示）。

图 8-59

通过个人素材库或本地上传（如图8-60所示）。

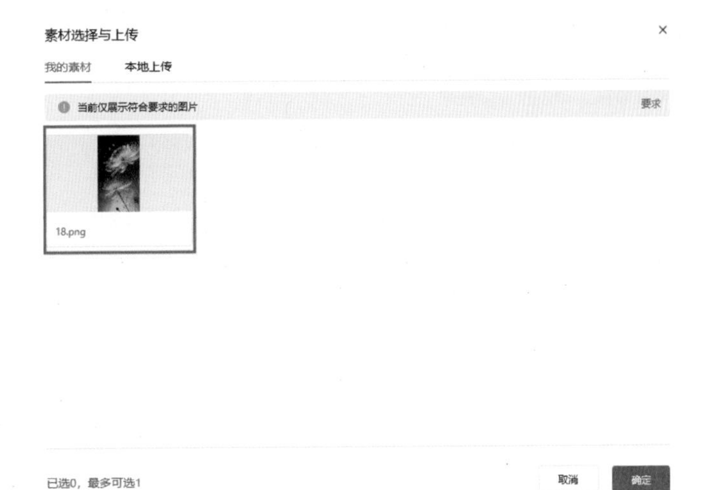


图 8-60

选择影响比重。影响比重越大，生成的图片与原图相似度就越高，反之越低（如图8-61所示）。

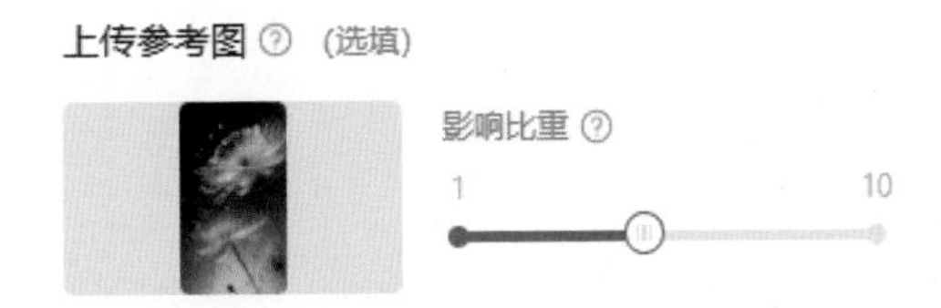


图 8-61

设置尺寸和生成数量，单击“一键生成”按钮即可生成好看的图片（如图8-62所示）。

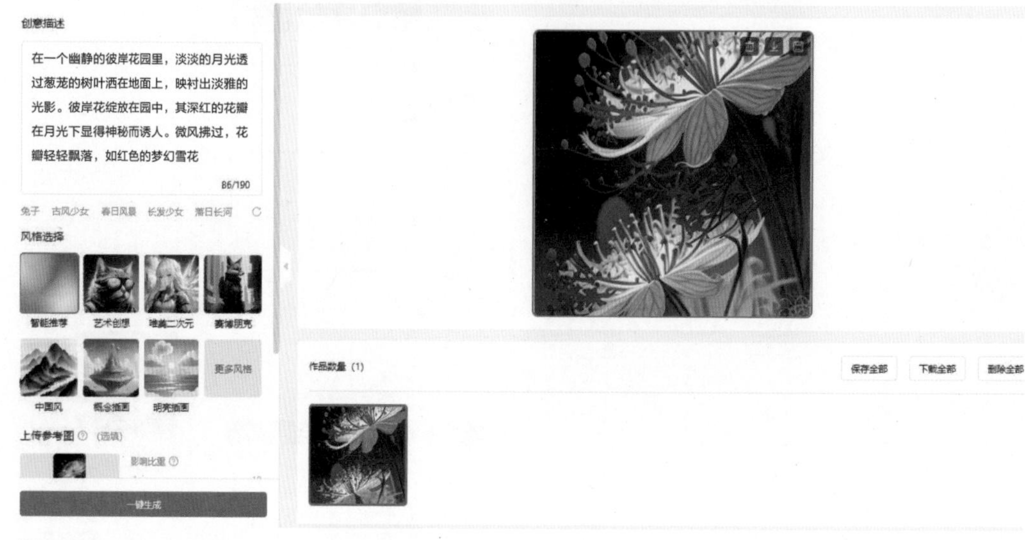

图 8-62

# 本章小结

本章主要介绍了百度旗下的其他AI产品——文心一格和百度智能云·一念，内容包括文心一格的使用方法、Prompt语句，以及百度智能云·一念智能写作、视频创作等功能。通过学习本章内容，希望读者能够更好地选择和使用各种AI创作平台和工具。

# 拓展训练

❶ 使用文心一格生成一幅好看的山水画。

❷ 使用百度智能云·一念实现文本转视频。